Heinz-Jürgen Voß, Ursula G. Froster

Beziehungen zwischen somatischen Mutationen im Tumorgewebe und bekannter Keimbahnmutation der Gene BRCA1 und BRCA2 beim hereditären Mammakarzinom

GRIN Verlag

Bibliografische Information der Deutschen Nationalbibliothek:

Die Deutsche Bibliothek verzeichnet diese Publikation in der Deutschen Nationalbibliografie; detaillierte bibliografische Daten sind im Internet über http://dnb.d-nb.de/ abrufbar.

Impressum:

Druck und Bindung: Books on Demand GmbH, Norderstedt Germany
ISBN: 978-3-638-83821-4

Dieses Buch bei GRIN:

http://www.grin.com/de/e-book/78643/beziehungen-zwischen-somatischen-mutationen-im-tumorgewebe-und-bekannter

UNIVERSITÄT LEIPZIG
Fakultät für Biowissenschaften
Pharmazie und Psychologie

DIPLOMARBEIT

Beziehungen zwischen somatischen Mutationen im Tumorgewebe und bekannter Keimbahnmutation der Gene *BRCA1* und *BRCA2* beim hereditären Mammakarzinom

vorgelegt von:

Heinz-Jürgen Voß
geb. am 17.12.1979 in Ilmenau / Thüringen

Student im Diplomstudiengang Biologie

Leipzig, den 25. März 2004

Die vorgelegte Arbeit wurde im Zeitraum vom 1. April 2003 bis 25. März 2004 am Institut für Humangenetik der Universität Leipzig angefertigt.

Abkürzungsverzeichnis

6-FAM	6-Carboxyfluorescein
A	Adenin
AcN	Acetonitril
Apf	Antiproliferationsfaktor
APS	Ammoniumpersulfat
aqua dest.	aqua destillata, destilliertes Wasser
AT	Ataxia telangiectasia
ATe	Annealingtemperatur
ATF1	cAMP-dependent transcription factor 1
ATM	ataxia telangiectasia mutated
ATP	Adenosintriphosphat
ATR	ATM-Rad3-related protein kinase
BACH1	basic leucine zipper transcription factor 1
BAP1	BRCA1-associated protein 1
BARD1	BRCA1-associated RING domain protein 1
BASC	BRCA1 associated genome surveillance complex
BBS	Bromphenolblau
BCL2	B-cell lymphoma 2
BLM	Bloom syndrome
bp	Basenpaar, Größenangabe für DNA oder RNA
BRAF35	BRCA2-associated factor 35
BRAP2	BRCA1 associated protein 2
BRC	BRC-Domäne, acht Motive mit einer großen Sequenzhomologie des Genprodukts BRCA2, codiert im Gen *BRCA2* Exon 11
BRCA1, BRCA2	breast cancer susceptibility genes
BRCT	C-terminale Domäne von BRCA1
BRG1	chromatin-remodeling factor, Synonym: SMARCA4
C	Cytosin
CAF	p300/CBP-associated factor
cAMP	zyklisches Adenosinmonophosphat
CD44	CD44 Antigen
CDH1	cadherin

CDK, CDK 2	cyclin-dependent kinases, Zyklin-abhängige Kinasen
c-erbB	erythroblastic leukemia viral oncogene homolog
CHK2	checkpoint kinase 2
c-Myc	myelocytomatosis viral oncogene homolog
CstF-50	cleavage stimulation factor 50
CtBP	C-terminal binding protein
CtIP	CtBP interacting protein, Synonym: RBBP8
d´ATP	2´-Desoxyadenosin-5´-triphosphat
d´CTP	2´-Desoxycytosin-5´-triphosphat
d´GTP	2´-Desoxyguanosin-5´-triphosphat
d´NTP	2´-Desoxynucleotid-5´-triphosphat
d´TTP	2´-Desoxythymidin-5´-triphosphat
DNA	desoxyribonucleic acid
DSB	Doppelstrangbruch
DSS1	gene, deleted in split-hand/ split-foot 1 region
E	estrogen, Östrogen
E2F-1	adenoviral protein factor 1
EDTA	Ethylendiamintetraacetat
EGF	epidermal growth factor
EGF-R	epidermal growth factor receptor
ER	estrogen receptor 1, Östrogen Rezeptor 1
ERa	Era G-protein-like, sequenzspezifischer Transkriptionsfaktor
FGF	fibroblast growth factor
FHIT	fragile histidine triad gene
FOR	forward, Vorwärtsprimer
G	Guanin
Gadd45	growth arrest and DNA damage inducible protein
GSTP1	glutathione S-transferase 1
hBUBR1	budding uninhibited by benzimidazoles 1 (yeast homolog), Kinase
HDAC1, HDAC2	Histondeacetylasen
HGMD	Human Gene Mutation Database
HIC	human I-mfa domain-containing protein
HME	Hereditäre Multiple Kartilaginäre Exostosen
Her2neu	human epidermal growth factor receptor, Synonym: c-erbB2

HPLC-Wasser	destilliertes und deionisiertes Wasser zur Verwendung bei der High Performence Liquid Chromatography
HRR	homologous recombination repair
IGF	insulin-like growth factor
IL-6	Interleukin-6
Int	(site of) int(egration), Bindungsstelle zur Integration ins Genom
IR	ionizinig radiation, ionisierende Strahlung
IVS	intervening sequence, zwischen zwei Exons lokalisierte DNA-Sequenz
kb	Kilobasen, Größenangabe für 1000 bp DNA oder RNA
KDa	Kilodalton, Massenangabe für Proteine
KPNA2	karyopherin alpha 2
LOH	Loss of heterozygosity
$MgCl_2$	Magnesiumchlorid
MLH1	mut L homolog 1 (E. coli), DNA-Reparaturprotein
MRE11	meiotic recombination 11 homolog (S. cerevisiae), DNA-Reparaturprotein
mRNA	messenger RNA
MSH2, MSH6	mut S homolog 2 bzw. 6 (E. coli), DNA-Reparaturproteine
MYC	siehe c-Myc
NaAc	Natriumacetat
NaOH	Natriumhydroxid
NBS1	Nijmegen breakage syndrome 1
NHEJ	non-homologous end joining
NLS	nuclear localization sequence, Kernlokalisierungs-Domäne
NME1	nucleoside diphosphate kinase, Synonym: CGI-48
OD	optische Dichte
p16, p21, p27	cyclin-dependent kinase inhibitors
p53	Tumorprotein 53
p300/CBP	E1A binding protein p300 /CREB binding protein -Komplex
PAGE	Polyacrylamid Gelelektrophorese
P/CAF	siehe CAF
PCNA	proliferating cell nuclear antigen
PCR	Polymerase Chain Reaction, Polymerase-Ketten-Reaktion
Pg	progesterone, Progesteron
PgR	progesterone receptor, Progesteron Rezptor

pRB	proline-rich protein family
PTEN	p(hosphatase and tensin homolog deleted on chromosome) ten protein
Rad50, Rad51	eucaryotic recombination and DNA repair proteins
RARβ	retinoic acid receptor beta protein
ras	Familie von GTPasen
RB	retinoblastoma protein
RbAp46, RbAp48	Histondeacetylasen
REV	reverse, Rückwärtsprimer
RHA	RNA helicase A, Synonym: DHX9
RNA	Ribonucleicacid
RNA Pol II	RNA Polymerase II
RPB2, RPB10a	RNA Polymerase II Untereinheiten
SINES	short interspersed sequences, kurze verteilte Sequenzen
STAT1	signal transducer and activator of transcription protein 1
SWI/SNF	ATP dependent chromatin modelling complex
T	Thymin
TBE	Tris-Borat-EDTA-Puffer
TE	Tris-EDTA-Puffer
TEAA	Triethylammonium Acetat
TEMED	Tetramethylethylenediamin
TGF / TGF-ß	transforming growth factor bzw. - ß
TP53	siehe p53
Tris	Tris(hydroxymethyl-aminomethan)
TRPS	Trichorhinophalangeales Syndrom
TSG	Tumorsuppressorgen
uPA	uterine-specific proline-rich acidic protein
VEGF	vascular endothelial growth factor
WAF1	siehe p21
WHO	World Health Organisation
ZBRK1	zinc finger and BRCA1-interacting protein with a KRAB domain1, Synonym: ZNF350

Inhaltsverzeichnis

Anhang:

1. Einführung in die Problematik

Krebserkrankungen stellen nach Erkenntnis der Weltgesundheitsorganisation (WHO) mit 12,5%, nach Herz-Kreislauferkrankungen (29,2%) und Infektionen[1] (26,2%), die dritthäufigste Todesursache weltweit dar[2] [WHO Jahresbericht, 2003(1)]. In der Bundesrepublik Deutschland und in anderen industrialisierten Staaten sind Krebserkrankungen die zweithäufigste Todesursache [Statistisches Bundesamt, 2003; WHO Jahresbericht, 2003(2)]. Entsprechend verständlich ist das Interesse von Wissenschaft und Gesellschaft, die Ursachen der Krebsentstehung zu erkennen und Behandlungsmöglichkeiten zu entwickeln.

Voraussetzung für die Entwicklung eines Tumors sind genetische Veränderungen in einzelnen oder mehreren Zellen, die bereits in der Keimbahn vorhanden sein können oder somatisch entstehen. Keimbahnmutationen manifestieren sich in allen Zellen des betroffenen Individuums vor und können an Nachkommen weitergegeben werden. Somatische Veränderungen entstehen dagegen spontan und bleiben i.d.R. auf wenige Zellen beschränkt. Für die Krebsentstehung sind immer mehrere Veränderungen notwendig. Von einem Tumor wird deshalb erst dann gesprochen, wenn durch eine progressive Abfolge von Veränderungen die Stadien der Immortalisierung[3] und Transformation[4] durchschritten wurden. Durch weitere genetische Veränderungen kann der Tumor „bösartiger" werden und aggressiv Metastasen[5] bilden. In der Regel sind sechs bis sieben Mutationen für die Entstehung eines Tumors notwendig. Bei Vorliegen einer Keimbahnmutation kann dagegen schon eine weitere somatische Mutation für die Ausbildung eines Tumors ausreichend sein. Im Fall einer vorhandenen Keimbahnmutation wird deshalb von einer genetischen Prädisposition gesprochen [Lewin, 1998 (S. 911 - 14); Alberts et al, 1995 (S. 1489 - 1509)].

Im Rahmen der Diplomarbeit wurden Gewebeproben von Patientinnen und Patienten[6], die an einem Mammakarzinom (Brustkrebs) erkrankt waren, untersucht. In der Arbeit wird in einer „Einführung" auf bisherige Erkenntnisse der Brustkrebsentstehung eingegangen. In diesem Zusammenhang werden die Charakteristiken und die Entstehung von familiärem und

---

[1] "Infectious and parasitic diseases and Respiratory infections"
[2] Angaben für das Jahr 2002
[3] Immortalisierung beschreibt den Zustand einer Zelle, unbegrenzt zu wachsen, ohne dass sich der Phänotyp (das äußere Erscheinungsbild) ändert.
[4] Durch die Transformation ist die Zelle nicht mehr in der Lage, normale Wachstumsbeschränkungen einzuhalten. Sie wird von Faktoren unabhängig, die sie normalerweise für das Zellwachstum benötigt.
[5] Die Metastasierung beschreibt das Stadium, in der die Zelle die Möglichkeit erlangt, in normales Gewebe einzudringen. Sie kann das ursprüngliche Gewebe verlassen und im Körper „Kolonien" bilden.
[6] Es wurden 15 Frauen und 1 Mann untersucht. Die im Folgenden verwendeten weiblichen Bezeichnungen schließen alle Probanden ein und tragen der Bedeutung von Brustkrebs insbesondere für Frauen Rechnung.

sporadischem Brustkrebs und wichtige involvierte Gene und Auswirkungen auf betroffene Patientinnen erläutert. In den folgenden Kapiteln, „Material und Methoden“, „Ergebnisse“, „Diskussion“, werden Auswirkungen sporadischer Veränderungen auf die Brustkrebs-entwicklung an einer Patientinnengruppe (n=16) mit erblichen Gendefekten in den Genen *BRCA1* und *BRCA2* (*breast cancer susceptibility genes 1 und 2*)[7] nachvollzogen.

1.1. Erblicher und sporadischer Brustkrebs

Jährlich erkranken nach Angaben des Robert-Koch-Instituts 46.000 Frauen in der Bundesrepublik Deutschland an einem Mammakarzinom. 18.000 Frauen sterben jährlich an den Folgen dieser Erkrankung. Zwischen dem 35. und 55. Lebensjahr stellt Brustkrebs bei Frauen die häufigste Todesursache dar. Die Wahrscheinlichkeit einer Frau im Laufe ihres Lebens an Brustkrebs zu erkranken, liegt bei ca. 10%. [Deutsche Krebshilfe, 2002].

Die Ursachen des Mammakarzinoms sind multifaktoriell (Tabelle 1.1.1). Erst eine Vielzahl von genetischen und nichtgenetischen Veränderungen führen zum Ausbruch der Krebserkrankung. Nur ein Anteil von etwa 5 bis 20% aller Mammakarzinomerkrankungen kann mit angeborenen genetischen Prädispositionen in Verbindung gebracht werden [Kuschel et al, 2000; Wooster et al, 2003].

Tabelle 1.1.1: Brustkrebs beeinflussende Faktoren; [Wawrzyn et al, 1999].

Genetische Prädisposition	**Exogene mutationsauslösende Faktoren**
Faktoren der Reproduktion	Hormone
Frühe Menarche	Strahlung
Späte erste Schwangerschaft	Alkohol
Späte Menopause	Rauchen
Nulliparität	Herbizide
Körperliche Faktoren	Toxische Substanzen
Body Mass Index	**Weitere Faktoren**
Gutartige Brusterkrankungen	Ernährung
Mammographische Gewebsdichte	Lebensweise
Bereits diagnostizierte Mamma-	
und Ovarialkarzinome (Eierstockkrebs)	

[7] Im Folgenden werden Gene *kursiv* hervorgehoben, bspw. *BRCA1*. Die Genprodukte werden als unformatierter Fließtext dargestellt, bspw. BRCA1.

Neben Veränderungen in den Genen *p53* (*Tumorprotein 53*), *ATM* (*ataxia teleangiectatica mutated*) und *PTEN* (*phosphatase and tensin homolog deleted on chromosome ten*) sind vor allem Mutationen in den Genen *BRCA1* und *BRCA2* für die Entwicklung eines Mammakarzinoms entscheidend. Geht ihre Funktion verloren, steigt das Risiko für Brust- und Eierstockkrebs erheblich. Fünf bis zehn Prozent der erblichen Pankreas- [Arnold et al, 2001] und Prostatakrebserkrankungen [Cerhan et al, 1999; Gayther et al, 2000] sind ebenfalls auf Keimbahnmutationen in den Genen *BRCA1* und *BRCA2* zurückzuführen (Tabelle 1.1.2).

Tabelle 1.1.2: Krebserkrankungsrisiko bei Mutationsträgern in den Genen *BRCA1* und *BRCA2*; [Easton et al, 1997; Ford et al, 1998; Kuschel et al, 2000; Kiechle et al, 2003].

	***BRCA1*-Mutation**	***BRCA2*-Mutation**
Mammakarzinom (Frauen)	45% bis zum 50. Lebensjahr 60% bis 85% bis zum 75. Lebensjahr	28% bis zum 50. Lebensjahr 84% bis zum 75. Lebensjahr
Mammakarzinom (Männer)	kein nachgewiesener Effekt	6% bis zum 70. Lebensjahr
Ovarialkarzinom	25% bis 40% bis zum 75. Lebensjahr	0,4% bis zum 50. Lebensjahr 27% bis zum 75. Lebensjahr
Andere Karzinome	erhöht	erhöht

1.2. Ablauf der Karzinogenese

Molekularbiologisch sind die Aktivierung von Onkogenen und die Inaktivierung von Tumorsuppressorgenen an der Krebsentstehung beteiligt. Onkogene sind Gene, deren Genprodukte Zellen transformieren können, so dass diese wie Krebszellen wachsen. Sie greifen in Signaltransduktionswege, Transportprozesse oder die Wachstumsregulation ein. Produkte von Onkogenen sind Wachstumsfaktoren, Kinasen, membrangebundene G-Proteine, Transkriptions-faktoren und Regulatoren des Zellzyklus. Proto-Onkogene codieren für wachstumsfördernde Faktoren. Bei einer mutationsbedingten Änderung eines Proteins, einer Überexpression, einer Expression in „falschen" Zelltypen und/oder dem Nichtabschalten der Expression können sie in ein Onkogen übergehen. Tumorsuppressorgene codieren Genprodukte, die eine Kontrolle auf den Zellzyklus und das Zellwachstum ausüben. Sie wirken bei der Zelladhäsion, der Signaltransduktion, der Kontrolle der Transkription, der DNA-Reparatur, kontrollieren den Zellzyklus oder induzieren Apoptose. Der Wegfall dieser Kontrolle führt zu einer vermehrten und unregulierten Zellteilung und damit zur Tumorbildung. *BRCA1* und *BRCA2* sind Beispiele für Tumorsuppressorgene. Sie wirken bei der Kontrolle der Transkription, des Zellzyklus und der DNA-Reparatur.

Nach der „second hit-Hypothese" von Knudson erfolgt die Inaktivierung von Tumorsuppressorgenen in zwei Schritten. Zunächst wird eines der beiden Allele inaktiviert. Ursache ist eine Keimbahn- oder eine sporadische Mutation. Im zweiten Schritt folgt der Funktionsverlust der zweiten Genkopie. Das kann durch einen kompletten oder teilweisen Verlust des Gens durch einen sog. Loss of heterozygosity (LOH), durch eine verminderte Promotorfunktion durch Hypermethylierung oder durch eine weitere somatische Mutation geschehen (Abb. 1).

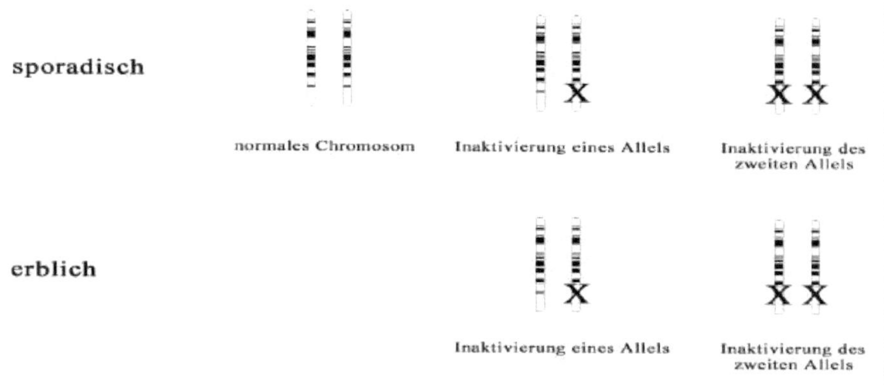

Abb. 1: second hit-Modell von Knudson, 1971; eigene Darstellung.

Folge ist eine Inaktivierung des Gens. Aufgaben des Genprodukts im Organismus können nicht mehr wahrgenommen werden. Dadurch bedingt kommt es mit größerer Wahrscheinlichkeit zu weiteren Veränderungen, die die betroffenen Zellen einer Zellwachstums- und Zellzykluskontrolle entziehen und eine zunehmend pathologische Entwicklung bewirken (Abb. 2) [Beckmann et al, 1997].

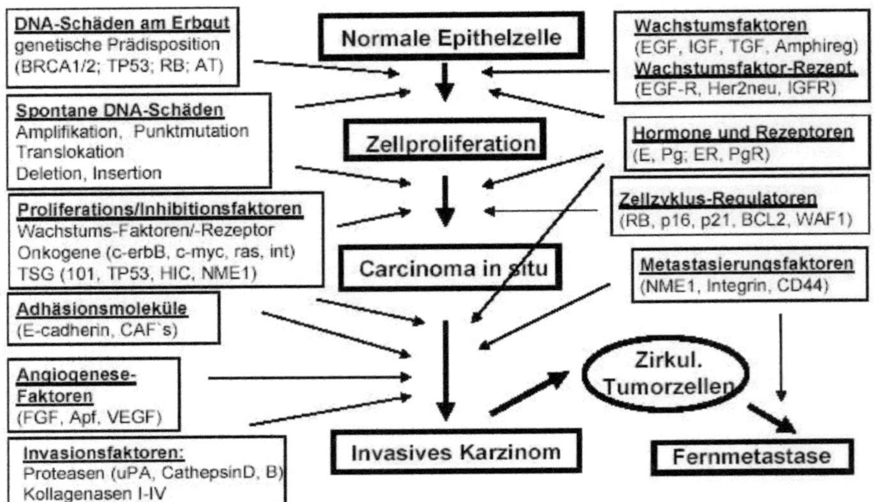

Abb. 2: Modell der Mehrschritt-Karzinogenese nach Beckmann [Beckmann et al, 1997; Aba-Kircin, 2001].

1.3. An der Auslösung von Brustkrebs beteiligte Gene

Für die Auslösung von Brustkrebs ist der Funktionsverlust von Genen und ihren Genprodukten erforderlich, die in lebenswichtige Prozesse proliferierender Zellen des Brustdrüsengewebes involviert sind. Als entscheidend für die Entwicklung eines Mammakarzinoms haben sich die Gene *BRCA1* und *BRCA2* herausgestellt. In Abbildung 3 sind sie im Zentrum von Prozessen dargestellt, an denen sie beteiligt sind.

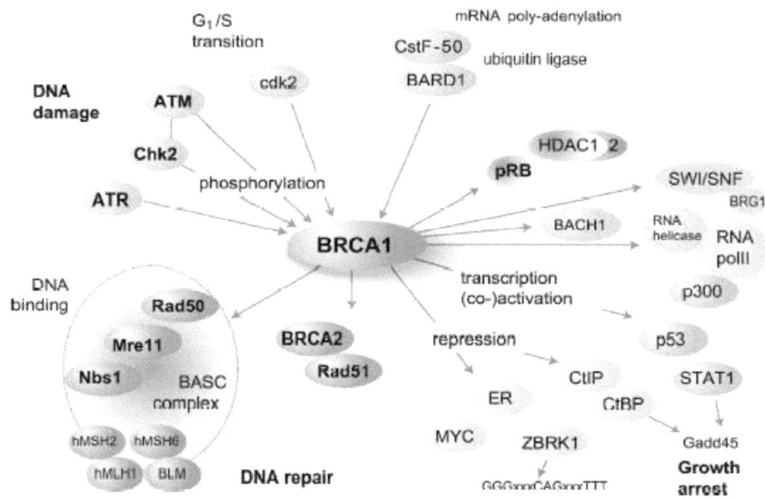

Abb. 3: Schematischer Überblick über Prozesse mit Beteiligung von BRCA1 und BRCA2; Dargestellt sind Beteiligungen an der Zellzykluskontrolle, an der DNA-Reparatur und am Wachstumsstopp [Hedenfalk et al, 2002].

1.3.1. *BRCA1 – breast cancer susceptibility gene 1*

BRCA1 und BRCA2 werden überdurchschnittlich in sich teilenden Zellen exprimiert. Das Genprodukt konnte in verschiedenen Geweben, wie der Brust, dem Ovar, dem Thymus und den Testes, nachgewiesen werden [Miki et al, 1994]. BRCA1 und BRCA2 werden in der frühen Embryogenese benötigt und werden während der Pubertät und Schwangerschaft im Brustdrüsengewebe verstärkt exprimiert [Rajan et al, 1997].

Das *BRCA1*-Gen ist auf dem langen Arm des Chromosoms 17 (17q21) lokalisiert und erstreckt sich über 81 kb genomischer DNA. Es untergliedert sich in 22 codierende Exons [Miki et al, 1994; Smith et al, 1996; Bertwistle et al, 1999]. Bemerkenswert ist das ungewöhnlich große Exon 11 mit mehr als 60% der codierenden Region und die große Dichte an ALU-Elementen[8]. ALU-Elemente machen 42% des gesamten Gens aus. Alle repetitiven Sequenzen zusammen bilden 47% des Gens [Smith et al, 1996; Welcsh et al, 2001]. *BRCA1* besitzt keine TATA-Box,

[8] ALU-Sequenzen gehören zur Familie der SINES (short interspersed sequences) der Retroposons. Sie bewegen sich über einen RNA-vermittelten Prozess, der den Einsatz einer reversen Transkriptase erfordert. Bei der Insertion entstehen Zielstellen-Duplikationen. ALU-Sequenzen sind etwa 300 Nucleotide lang und werden vom Restriktionsenzym AluI geschnitten. Im haploiden Genom kommen ALU-Sequenzen mit 500000 Kopien vor [Lewin, 1998 (S. 496 - 97); Alberts et al, 1995 (S. 464 - 65)].

sondern stattdessen eine 36 bp große positiv regulierende Region, die die Promotoraktivität steuert [Thakur et al, 1999]. Das mRNA Transkript des *BRCA1*-Gens umfasst 7,8 kb und codiert für ein 1863 Aminosäuren großes Genprodukt mit einem Molekulargewicht von 220 kDa [Miki et al, 1994; Chen et al, 1996]. Das BRCA1-Protein zeigt keine Homologie zu anderen bekannten Proteinen, dennoch konnten einige konservierte Regionen identifiziert werden. BRCA1 besitzt N-terminal ein spezialisiertes Zinkfinger-RING-Motiv, das die Protein-DNA- und Protein-Protein-Interaktionen beeinflussen kann. Außerdem ist BRCA1 durch eine Kernlokalisierungs-Domäne (NLS, nuclear localization sequence), die sich im Bereich des Exons 11 befindet, eine Transaktivierungs-Domäne und zwei BRCT-Domänen (BRCA1 C-terminal domain) gekennzeichnet (Abb. 4).

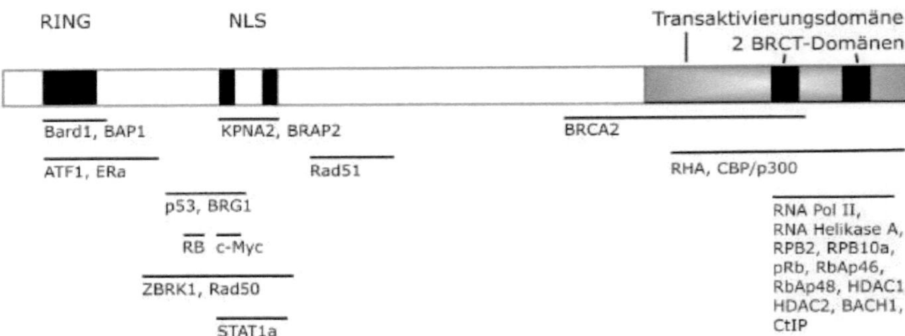

Abb. 4: Schematische Darstellung des BRCA1-Proteins; mit den strukturellen Besonderheiten RING-Domäne, NLS (nuclear localization sequence), Transaktivierungsdomäne und zwei BRCT-Domänen (BRCA1 C-Terminal domain). Weiterhin Interaktionen anderer Proteine mit dem BRCA1-Protein [Hedenfalk et al, 2002; Somasundaram, 2003].

Die funktionellen Domänen spielen eine wichtige Rolle bei der transkriptionsgekoppelten Regulation. Direkt oder indirekt interagiert BRCA1 an ihnen mit Tumorsuppressoren, Onkogenen, Reparaturproteinen, Regulatoren des Zellzyklus und Aktivatoren und Inhibitoren der Transkription. N-terminal können BARD1 (BRCA1-associated RING domain protein 1), BAP-1 (BRCA1-associated protein 1) und E2F-1 (amyloid beta (A4) precursor protein-binding, family A, member 2 binding protein) binden. An die NLS binden RAD50, RAD51 (eucaryotic recombination and DNA repair protein 50 bzw. 51), p53, RB (retinoblastoma protein) und c-Myc (v-myc myelocytomatosis viral oncogene homolog). Der C-Terminus interagiert u.a. mit RNA Polymerase II, p300/CBP (E1A binding protein p300 /CREB binding protein -Komplex), BRCA2, RNA-Helikase und CtIP (retinoblastoma binding protein 8) [Hedenfalk et al, 2002; Somasundaram, 2003].

BRCA1 mRNA und Protein wird in hohen Konzentrationen in sich teilenden Geweben exprimiert und ist in die Zellzykluskontrolle eingebunden. Die höchsten Expressionsraten von BRCA1 werden in der späten G1-Phase und der S-Phase, während der DNA-Replikation, im Zellzyklus erreicht. Höhere Konzentrationen konnten auch während der Mitose und in meiotischen Keimzellen nachgewiesen werden. [Chen et al, 1996]. Die Rolle von BRCA1 im Zellzyklus ist mittlerweile gut dokumentiert. Nachdem es zunächst dephosphoryliert vorliegt, wird BRCA1 in der späten G1-Phase und in der S-Phase des Zellzyklus durch CDK2-Zykline (CDK, cyclin-dependent kinase) phosphoryliert. In der M-Phase liegt es wieder dephosphoryliert vor [Ruffner et al, 1997 und 1999; Maclachlan et al, 2000; Somasundaram, 2003].

BRCA1 spielt eine wichtige Rolle bei der Aufrechterhaltung der Genom-Integrität. Im Zusammenhang von Reparaturmechanismen interagiert BRCA1 neben Gadd45 (growth arrest and DNA- damage-inducible, alpha) und p53 mit den Proteinen Rad51, BRCA2, Rad50-MRE11-NBS1 (MRE11, meiotic recombination 11 homolog A ; NBS1, Nijmegen breakage syndrome 1) und mit dem großen Proteinkomplex BASC (BRCA1-associated genome surveillance complex). p53 nimmt bei der Zellzykluskontrolle eine wichtige Funktion ein und entfaltet dabei Wirkung u.a. auf p21 (cyclin-dependent kinase inhibitor, Stopp des Zellzyklus) und Gadd45 (Reparaturprotein für durch Strahlung entstandene Schäden) oder kann Apoptose initiieren. BASC ist ein Multienzymkomplex, der sich aus zahlreichen an der DNA-Reparatur beteiligten Proteinen zusammensetzt. Dazu zählen beispielsweise MSH2, MSH6 (mut S homolog 2 bzw. 6) und MLH1 (mut L homolog 1) [Somasundaram, 2003]. BRCA1 ist zudem in transkriptionsgekoppelte Reparaturen eingebunden, die durch ionisierende Strahlung und oxidative Substanzen entstandene Schäden ausgleichen [Scully et al, 2000; Abbott et al, 1999]. Die für transkriptionsgekoppelte Reparaturen benötigte RNA Polymerase II bindet dabei an die BRCT-Domäne des BRCA1-Proteins. Schließlich lagern sich weitere für den Reparaturprozess benötigte Komponenten an [Hedenfalk et al, 2002]. Weiterhin ist BRCA1 an Mechanismen zur rekombinationsvermittelten Reparatur von Doppelstrangbrüchen beteiligt. Dabei wirkt es sowohl an der non-homologous end joining repair (NHEJ, Reparatur durch nicht homologen Bruchstückaustausch), als auch an der homologous recombinational repair (HRR, Reparatur durch homologe Rekombination) mit. Als Antwort auf ionisierende Strahlung wird NBS1 durch ATM phosphoryliert und der Komplex RAD50-MRE11-NBS1 gebildet, welcher für NHEJ und HRR gleichermaßen notwendig ist. Bei der homologous recombinational repair bindet BRCA1 direkt an die DNA und hemmt die Nuklease-Aktivität des RAD50-MRE11-NBS1-Komplexes [Paull et al, 2001]. Damit verbindet BRCA1 vermutlich die Wirkung der Prozessierung der Bruchstückenden durch den RAD50-MRE11-NBS1-Komplexes mit der Wirkung von RAD51, das den Strangaustausch bei der homologen Rekombination durchführt [Moynahan et al, 1999 ; Scully et al, 2000; Hedenfalk et al, 2002].

Im *BRCA1*-Gen sind mehr als 500 Mutationen, Polymorphismen und Varianten beschrieben [HGMD (Human Gene Mutation Database)]. Dabei konnte eine Korrelation von vorhandener *BRCA1*-Mutation in der Keimbahn und Brustkrebserkrankung nachgewiesen werden. Hinweise auf Mutationen des *BRCA1*-Gens beim sporadischen Mammakarzinom sind derweil spärlich. Wenn überhaupt, wird eine wesentlich geringere Bedeutung als beim erblichen Mammakarzinom angenommen [Khoo et al, 1999; Li et al, 2002; Yang et al, 2002 (1); Rosen et al, 2003; Wooster et al, 2003]. Bei sporadischem Brust- und Eierstockkrebs scheint die Suppression der Transkription des *BRCA1*-Promotors bspw. durch Hypermethylierung bedeutsamer zu sein [McCoy et al, 2003].

Häufige Mutationen im *BRCA1*-Gen sind Substitutionen und kleine Deletionen. Auch größere Keimbahnmutationen, die durch homologe Rekombination der ALU-Sequenzen entstehen können, treten auf [Vehmanen, 2001]. Die Mehrheit der Mutationen sind frameshift- oder nonsense-Mutationen, die einen vorzeitigen Abbruch der Translation bewirken. Der Verlust beider Allele des *BRCA1*-Gens in der Keimbahn wirkt im Mäuseversuch letal [Ludwig et al, 1997]. Populationsabhängig sind die einzelnen Mutationen mit stark divergierenden Häufigkeiten vertreten. In der deutschen Bevölkerung sind die Mutationen 5382insC und 300T→G des *BRCA1*-Gens besonders weit verbreitet [German Consortium for Hereditary Breast and Ovarian Cancer, 2002].

1.3.2. *BRCA2 – breast cancer susceptibility gene 2*

BRCA2 liegt auf Chromosom 13 (13q12.3) und codiert mit 27 Exons für ein Protein aus 3418 Aminosäuren (Molekulargewicht 384 kDa) [Wooster et al, 1995; Bertwistle et al, 1999; Hunt, 2001 (1) and (2)]. Die Gensequenz von *BRCA2* beinhaltete wie *BRCA1* ebenfalls 47% repetitive DNA. ALU-Elemente haben daran einen Anteil von 20% [Welcsh et al, 2001]. Wie BRCA1 ist das BRCA2-Protein durch eine Kernlokalisierungs-Domäne gekennzeichnet, die sich bei BRCA2 C-terminal befindet. Weitere Sequenzmerkmale sind BRCs (acht Motive mit einer großen Sequenzhomologie, codiert im Bereich des Exons 11) und eine N-terminale

Transaktivierungsdomäne. NLS, BRCs und N-terminale Transaktivierungsdomäne stellen wichtige Anknüpfungspunkte interagierender Proteine dar (Abb. 5).

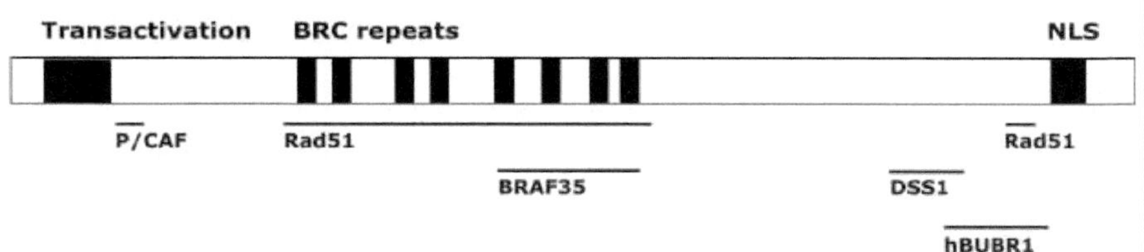

Abb. 5: Schematische Darstellung des BRCA2-Proteins; mit den strukturellen Besonderheiten NLS (nuclear localization sequence), Transaktivierungsdomäne und BRC-Domänen (acht Motive mit einer großen Sequenzhomologie, codiert im Bereich des Exons 11) und Interaktionen anderer Proteine mit dem BRCA2-Protein [Hedenfalk et al, 2002].

Die Funktion von BRCA2 ist im Vergleich zu BRCA1 wenig untersucht. Es gilt jedoch als sicher, dass es ebenfalls tumorsuppressive Wirkungen zeigt. Es interagiert mit Rad51 [Wong et al, 1997; Kowalczykowski, 2002; Pellegrini et al, 2002], p53 [Marmorstein et al, 1998] und BRAF35 (BRCA2-Associated Factor 35) [Marmorstein et al, 2001], die an DNA-Reparaturmechanismen beteiligt sind. Als regulatorische Komponente ist BRCA2 an der homologous recombinational repair beteiligt. Bei der HRR wird mit Hilfe der Sequenz des homologen DNA-Stranges ein Doppelstrangbruch (DSB) repariert. Nicht oder falsch reparierte DSB wirken letal oder mutagen. Im Gegensatz zu BRCA1, dem die Beteiligung an der transkriptionsgekoppelten Reparatur, der HRR und der NHEJ nachgewiesen werden konnte, bleibt die BRCA2-Aktivität auf die HRR beschränkt [Xia et al, 2001]. Zusammen mit Rad51 ist BRCA2 an einem Multienzymkomplex beteiligt, dem auch BRCA1 und BARD angehören. BRCA2 hemmt die ATP-Hydrolyse-Aktivität von Rad51 und seine Fähigkeit DNA zu binden. Entscheidend scheinen bei der Interaktion die BRC-Motive zu sein. Sechs der acht BRC-Motive zeigen Affinität zu Rad51 [Arnold et al, 2001; Xia et al, 2001; Pellegrini et al, 2002]. Mutationen im *BRCA2*-Gen führen zu einer Empfindlichkeit gegenüber genotoxischen Substanzen und zu Chromosomen-Instabilität [Xia et al, 2001; Donoho et al, 2003]. Abbildung 6 fasst Interaktionen in der HRR, an denen BRCA1 und BRCA2 beteiligt sind, und Auswirkungen von Mutationen zusammen (Abb. 6).

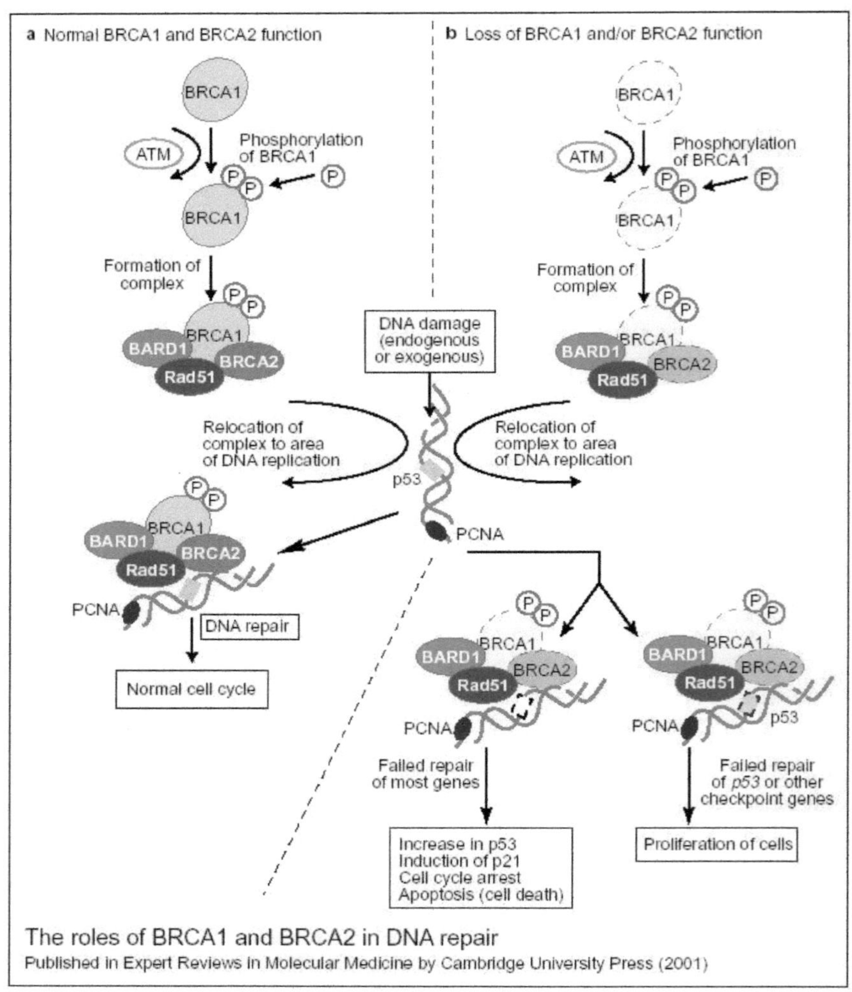

Abb. 6: Die Rolle von BRCA1 und BRCA2 in der HRR (homologous recombinational repair): (a) Das Modell setzt einen Protein-Komplex aus den Komponenten BRCA1, BRCA2, BARD1 und Rad51 voraus. Einleitender Schritt bei der Komplexbildung ist die Phosphorylierung (P = Phosphatgruppe) von BRCA1 durch die Kinase ATM. In Reaktion auf einen festgestellten Doppelstrangbruch (durch p53) bindet der Proteinkomplex an die DNA (Erkennung über PCNA (proliferating cell nuclear antigen)) und repariert sie. (b) Ein Verlust der Funktion von BRCA1 oder BRCA2 verhindert eine Reparatur. Ist das Zellzyklus-kontrollierende Genprodukt p53 von einem Funktionsverlust betroffen, können Wachstums-stopp (p21) und Reparaturmechanismen nicht eingeleitet werden [Arnold et al, 2001].

Ebenso erscheint eine Rolle des BRCA2-BRAF35-Komplexes in Reparatur- und/oder Rekombinationsmechanismen denkbar. Seine Aufgabe besteht im Auflösen und Neupacken von aufgefaserten Chromatin-Fäden oder in der Aufrechterhaltung der Chromosomenintegrität, während der Auftrennung in der Mitose [Marmorstein et al, 2001].

Für *BRCA2* sind in der HGMD mehr als 300 Mutationen, Polymorphismen und Varianten beschrieben [HGMD]. Häufig sind dies kleine Deletionen und Insertionen, sowie missense[9]- und nonsense[10]-Substitutionen. Keimbahnmutationen im *BRCA2*-Gen sind Risikofaktoren für eine Erkrankung an Brustkrebs. Für sporadische Mammakarzinome konnte eine große LOH-Frequenz festgestellt werden. Mutationen scheinen dem gegenüber, genau wie bei *BRCA1*, selten zu sein. Dennoch konnten auch *BRCA2*-Mutationen in sporadischen Tumoren gefunden werden. Der Einfluss von Keimbahnmutationen im *BRCA2*-Gen bei Brustkrebs männlicher Patienten ist besonders zu erwähnen [Kwiatkowska et al, 2002; Ottini et al, 2003].

1.3.3. Weitere Brustkrebs-beeinflussende Gene und *BRCAX*

Es kann angenommen werden, dass für alle Gene, deren Produkte an Signalwegen der Genprodukte BRCA1 und BRCA2 beteiligt sind, die Möglichkeit besteht, bei einem Funktionsverlust Brustkrebs zu induzieren. Je höher sie in der Signalkaskade stehen, desto wahrscheinlicher ist ein Einfluss auf die Tumorentwicklung. Im Verdacht stehen besonders *ATM* (*ataxia telangiectasia mutated*, Chromosom 11q22-q23), *ATR* (*ATM-Rad3-related*, 3q22-q24), *CHK2* (*checkpoint kinase 2*, 22q12.1), *CDK2* (*cyclin-dependent kinase 2*, 12q13), und *BARD1* (*BRCA1-associated RING domain*, 2q34-q35), weil ihre Genprodukte regulierend oder prozessierend auf das BRCA1-Protein wirken (Abb. 3).

Eine homozygote Mutation des *ATM*-Gens führt zu der genetisch bedingten Erkrankung Ataxia telangiectasia. Heterozygot kommt es bei etwa 1% der Bevölkerung vor. Der Einfluss des *ATM*-Gens auf die Entstehung eines Mammakarzinoms ist umstritten. Nach einer Studie von *Broeks (2000)* haben Patientinnen mit einer heterozygoten Keimbahnmutation im *ATM*-Gen ein neunfach erhöhtes Risiko, an Brustkrebs zu erkranken. *Fitzgerald (1997)* beschreibt dagegen für Trägerinnen einer Keimbahnmutation im Bereich des *ATM*-Gens keine gesteigerte Wahrscheinlichkeit an Brustkrebs zu erkranken [Athma et al, 1996; Fitzgerald et

[9] Missense-Mutationen beschreiben Punktmutationen in der DNA-Sequenz, in deren Folge die Aminosäurenabfolge des codierten Proteins geändert wird. Häufig ist das codierte Protein dennoch funktionsfähig.
[10] Bei einer nonsense-Mutation kommt es durch eine Punktmutation in der DNA-Sequenz zum Einfügen eines irregulären Stoppcodons. Durch das Stoppcodon wird die Transkription vorzeitig abgebrochen.

al, 1997; Broeks et al, 2000 ; Nathanson et al, 2001]. Mutationen, die die Expression oder Aktivität von ATR beeinträchtigen, könnten die Wahrscheinlichkeit einer Brustkrebserkrankung erhöhen, da ATR, wie ATM, eine wichtige Rolle bei der Phosphorylierung von BRCA1 und im Zellzyklus einnimmt [Abraham, 2001].

Mutationen im *CHK2*-Gen konnten bereits in Familien mit dem Li-Fraumeni-Syndrom nachgewiesen werden. CHK2 ist eine Kinase, die als Folge von DNA-Schäden aktiviert wird und an Signalwegen des Zellzyklus und von p53 beteiligt ist. Bei Brustkrebspatientinnen konnten in einer geringen Anzahl sporadische (7/141) und erbliche (1/139 bzw. 5/141) CHK*2*-Mutationen nachgewiesen werden [Ingvarsson et al, 2002; Sullivan et al, 2002; Meijers-Heijboer et al, 2002].

Die Zyklin-abhängigen Kinasen (CDK) beeinflussen den Zellzyklus von Säugern durch die Phosphorylierung einer ganzen Reihe von Schlüsselsubstraten. Bei einer Inaktivierung der CDKs kann der Zellzyklus nicht durchlaufen werden und resultiert in Apoptose. Über Beziehungen von Mammakarzinomerkrankungen und Mutationen in *CDK*-Genen liegen derzeit noch keine Erkenntnisse vor. TGF-ß (Transforming growth factor ß) inhibiert CDKs und bewirkt damit einen Wachstumsstopp der Zelle in der G1-Phase des Zellzyklus. Ein Verlust der inhibitorischen Funktion von TGF-ß führt schnell zur Transformation von Zellen des Brustdrüsengewebes und kann in Brustkrebs münden [Donovan et al, 2000]. Ähnliche Auswirkungen erscheinen bei einer mutationsbedingten Überexpression der *CDK*-Gene möglich.

Seit bekannt ist, dass BRCA1 mit BARD1 Heterodimere bildet, die an Reparaturmechanismen beteiligt sind, wird über eine Brustkrebs induzierende Wirkung von Mutationen im *BARD1*-Gen spekuliert. In diesem Zusammenhang wurden Patientinnen mit Brust- oder Eierstockkrebserkrankung mit familiärem Hintergrund aber ohne Keimbahnmutationen in den Genen *BRCA1* und *BRCA2* untersucht. Dabei konnten neben einigen Polymorphismen fünf vermeintliche Keimbahnmutation nachgewiesen werden [Thai et al, 1998; Ghimenti et al, 2002; Ishitobi et al, 2003].

p53 (Tumorprotein 53, 17p13.1) nimmt eine wichtige Rolle im Zellzyklus ein. In normalen Zellen wird p53 nur in sehr geringen Mengen exprimiert. Kommt es zu einer Schädigung der DNA, steigt der p53-Gehalt der Zelle stark an. Befindet sich die betroffene Zelle im G1-

Stadium, veranlasst p53 einen Wachstumsstopp. Dieser wird durch die Induktion von p21 eingeleitet und so lange aufrecht erhalten, bis die DNA repariert ist. Hat die Zelle schon die G2-Phase erreicht, leitet p53 die Apoptose (programmierter Selbstmord der Zelle) ein. Verstärkte und verminderte p53-Expression wurde schon in vielen Tumorarten nachgewiesen. Für Brustkrebs gilt die Überexpression von p53 als nutzbarer klinischer Indikator [Davidoff et al, 1991]. Ebenfalls konnte eine Häufung von Mutationen des *p53*-Gens im erblichen Mammakarzinom nachgewiesen werden. Träger einer Keimbahnmutation in den Genen *BRCA1* oder *BRCA2* weisen in 16 bis 84% der Fälle eine somatische Mutation im Gen *p53* auf [Runnebaum et al, 1991; Greenblatt et al, 2001; Sensi et al, 2003]. Auch bei Patientinnen ohne Mutation in den Genen *BRCA1* und *BRCA2* sind somatische Mutationen im Gen p53 mit 17 bis 35% häufig [Greenblatt et al, 2001].

Weiterhin wird ein Einfluss auf sporadischen und erblichen Brustkrebs für die Gene *FHIT* (*fragile histidine triad gene*, Chromosom 3p14.2) [Ahmadian et al, 1997; Yang et al, 2002 (2)], *IL-6* (*Interleukin-6*, 7p21) [Saha et al, 2003], *PTEN*-Gens ((*phosphatase and tensin homolog deleted on chromosome ten*, 10q23.3) [Chen et al, 1999], *MSH2* (mut S homolog 2, 2p22-p21) und *MLH1* (mut L homolog 1, 3p21.3) [Murata et al, 2002; Adem et al, 2003] diskutiert. Eine Rolle bei der genetischen Prädisposition für Brustkrebs könnten die Genorte 13q21 [Kainu et al, 2000; Thompson et al, 2002], *ZBRK1* (*zinc finger protein 350*, 19q13.41) und *BACH1* (*basic leucine zipper transcription factor 1*, 21q22.11) [Liu et al, 2002; Rutter et al, 2003] spielen. Eine angenommene Prädisposition von *CDH1*-Keimbahnmutationen (*cadherin 1*, 16q22.1) für eine Brustkrebserkrankung konnte nicht bestätigt werden. Bei der Entwicklung sporadischer Mammakarzinome scheint die Inaktivierung von *CDH1* durch Mutationen und LOH dagegen eine wichtige Rolle zu spielen [Berx et al, 2001; Salahshor et al, 2001].

In zahlreichen Hochrisikofamilien mit wiederholt aufgetretenen Brust- und Eierstockkrebsfällen konnte keine *BRCA1*- oder *BRCA2*-Keimbahnmutation festgestellt werden. Es gibt daher wahrscheinlich weitere Gene, in denen Keimbahnmutationen eine Brustkrebserkrankung befördern. Diese Gene werden als *BRCAX* zusammengefasst [Easton, 1999; Hedenfalk et al, 2003]. Dabei kann *BRCAX* eine Vielzahl von Genen darstellen, die jeweils für einen kleinen Anteil an erblichen Brustkrebserkrankungen prädisponieren oder es können wenige Gene sein, die jeweils für eine größere Anzahl an Brustkrebserkrankungen verantwortlich sind.

1.4. Charakteristika erblichen Brustkrebses

Häufiges familiäres Auftreten von Mamma- und Ovarialkarzinomen oder eine bereits vorangegangene Mammakarzinomerkrankung weisen auf erbliche Faktoren hin und kennzeichnen Risikogruppen von Brustkrebs. Die Gene *BRCA1* und *BRCA2* sind in 40 bis 50% der erblichen Fälle von Mutationen betroffen [Wooster et al, 2003]. Die Vererbung der Prädisposition folgt einem autosomal dominanten Erbgang. Homozygote Trägerinnen einer Keimbahnmutation sind nicht lebensfähig [Ludwig et al, 1997]. Die Deutsche Krebshilfe hat für ihr Schwerpunktprogramm „Familiärer Brust- und Eierstockkrebs“ Kriterien für Risikogruppen aufgestellt. Trifft eines der Kriterien zu, sind erbliche Faktoren für das Auftreten von Brustkrebs wahrscheinlich und es wird eine genetische Diagnostik der Gene *BRCA1* und *BRCA2* angeraten:

- Mindestens zwei Frauen der Familie (Mutter, Schwester, Tochter oder selbst erkrankt) mit Brust- und/oder Eierstockkrebs, wobei mindestens eine Frau zum Zeitpunkt der Erkrankung unter 50 Jahre alt gewesen ist.
- Eine Frau der Familie (Mutter, Schwester, Tochter oder selbst erkrankt) mit einseitigem Brustkrebs, wobei die Erkrankung im Alter von 30 Jahren oder früher aufgetreten ist.
- Eine Frau der Familie (Mutter, Schwester, Tochter oder selbst erkrankt) mit beidseitigem Brustkrebs, wobei die Erkrankung im Alter von 40 Jahren oder früher aufgetreten ist.
- Eine Frau der Familie (Mutter, Schwester, Tochter oder selbst erkrankt) mit Eierstockkrebs, wobei die Erkrankung im Alter von 40 Jahren oder früher aufgetreten ist.
- Eine Frau der Familie (Mutter, Schwester, Tochter oder selbst erkrankt), bei der Brust- und Eierstockkrebs aufgetreten sind.
- Ein männlicher Verwandter mit Brustkrebs.

Im Rahmen dieses Schwerpunktprogramms liegen bereits erste Ergebnisse vor, die die Bedeutung der Gene *BRCA1* und *BRCA2* unterstreichen. Ebenso weisen sie darauf hin, dass *BRCA1* und *BRCA2* nicht die einzigen prädisponierenden Gene sein können:

- Familien mit mindestens zwei an Mammakarzinom erkrankten Frauen, wobei eine der Frauen bei Auftreten der Erkrankung unter 50 Jahre war, weisen in 37 Prozent der Fälle Mutationen in den Genen *BRCA1* (24%) und *BRCA2* (13%) auf.

- Von Familien mit einem oder mehreren Fällen von Brustkrebs und wenigstens einem Fall von Eierstockkrebs haben 52% Mutationen in den Genen *BRCA1* (42%) und *BRCA2* (10%).
- Familien mit mindestens einer männlichen erkrankten Person weisen in 25% der Fälle Mutationen in den Genen *BRCA1* (2%) und *BRCA2* (23%) auf.

[German Consortium for Hereditary Breast and Ovarian Cancer, 2002]

Das Vorliegen prädisponierender Genmutationen bedingt eine erhöhte Erkrankungswahrscheinlichkeit. Die Tumorsuppressorfunktion kann allerdings durch das zweite Allel übernommen werden. Erst der Verlust beider Allele führt zum Funktionsverlust des Gens mit Auswirkungen auf das Genprodukt und seine Interaktionen in Stoffwechsel- und Signalwegen. Diese Vorstellungen sind in Knudsons „second hit-Modell“ beschrieben (Abb. 1), das auf Tumorsuppressorgene Anwendung findet.

Für die Gene *BRCA1* und *BRCA2* werden Mutationen, LOH und Hypermethylierung als mögliche second hits diskutiert.

1.5. Diagnose und Prävention bei familiärem Brustkrebs

Ein sich abzeichnendes Grundverständnis der Entstehung des Mammakarzinoms hat zu verstärkten Anstrengungen in der Früherkennung und Behandlung von Brustkrebs geführt. Frauen werden heute durch Haus- und Frauenärzte auf das Gefahrenpotenzial hingewiesen und zur Selbstuntersuchung durch Abtasten der Brust angehalten. Darüber hinausgehend, werden Mammographie-Früherkennungsuntersuchungen[11] empfohlen. Durch solche Untersuchungen können auch Tumore mit einer Größe unter 10 mm erkannt werden, die durch Abtastung nicht diagnostizierbar sind. Eine tatsächliche Effizienz für die Erhöhung der Lebenserwartung bei Brustkrebsdiagnose ist umstritten und von der Durchführung und Befundung abhängig [Ringash, 2001; Höldke, 2002].

Die Durchführung einer genetischen Diagnostik setzt die Beratung von gesunden oder erkrankten Personen mit vermuteter genetischer Prädisposition und ihrer Angehörigen voraus [Bundesärztekammer, 1998]. Ausgehend von allgemeinen wissenschaftlichen Erkenntnissen werden Rückschlüsse auf die Erkrankungswahrscheinlichkeit der Person oder der Angehörigen gezogen und ggf. präventive Maßnahmen ergriffen. Um häufig auftretende psychische

[11] Mammographie = Röntgenuntersuchung der Brust

Belastungen zu vermeiden, muss in einem beratenden Gespräch zwischen Arzt und Ratsuchender im Vorfeld der Diagnostik zwischen möglichem Nutzen und denkbaren Nachteilen abgewogen werden [Bundesärztekammer, 1998; Brandt-Rauf, 2000]. Bestandteil der genetischen Diagnostik beim Mammakarzinom ist die molekulargenetische Analyse der Gene *BRCA1* und *BRCA2*. Dabei kann eine Komplettsequenzierung der Gene oder einzelner Exons[12] erfolgen.

Kann eine familiär vorhandene Mutation für ein Familienmitglied ausgeschlossen werden, ist für diese Person von keinem erhöhten Risiko auszugehen. Es gelten die allgemeinen Empfehlungen der Krebsfrüherkennung.

Ist ein Nachweis einer familiären Mutation in den Genen *BRCA1* und *BRCA2* nicht möglich, obwohl in der Familie bereits mehrere Fälle von Brust- und Eierstockkrebs aufgetreten sind, muss dennoch von einem erhöhten Risiko ausgegangen werden. In diesem Fall ist eine Mutation in einem noch nicht identifizierten Brustkrebsgen wahrscheinlich [Easton, 1999; Hedenfalk et al, 2003]. Aus der Kenntnis eines erhöhten Risikos lassen sich Präventionsstrategien ableiten, die das Risiko einer Erkrankung vermindern können oder eine Früherkennung ermöglichen.

Die primäre Prävention hat das Ziel, eine Erkrankung zu verhindern. Dazu können chemopräventive und operative Maßnahmen ergriffen werden. Zur Verhinderung der Erkrankung an einem Mammakarzinom wird die Gabe von Tamoxifen diskutiert, das allerdings im Verdacht steht, die Gesamtmortalität der einnehmenden Frauen zu erhöhen [Fisher et al, 1998; Kuschel et al, 2000; Powles et al, 2002]. Mit Erfolg werden dagegen Anti-Östrogene eingesetzt. Bei Frauen mit Keimbahnmutationen in den Genen *BRCA1*- und *BRCA2* ist kein Erfolg nachweisbar [Kiechle et al, 2002]. Die Einnahme hormoneller Kontrazeptiva (umgangssprachlich Pille) vermindert die Wahrscheinlichkeit an einem Ovarialkarzinom zu sterben um mehr als 50%, erhöht aber die Brustkrebsinzidenz [Beral et al, 1999]. Effektive und dokumentierte Wirksamkeiten scheinen operative Eingriffe zu bieten. Bei der Mastektomie wird die Brustdrüse einschließlich des Lobus axillaris, der Brustwarze und der Pektoralisfaszie entfernt. Mit einem zusätzlichen Entfernen eines Teils der Haut kann das Brustdrüsengewebe und damit das Risiko der Erkrankung an einem Mammakarzinom um bis zu 99% reduziert werden [Kiechle et al, 2002].

Ziel der sekundären Prävention ist eine frühzeitige Erkennung eines Tumors, um die Mortalität zu senken. Ein engmaschiges Früherkennungsprogramm zum Mammakarzinom

[12] Exons sind Abschnitte der DNA-Sequenz des Gens, die für ein Genprodukt codieren. Zwischen den Exons befinden sich Introns, die keine codierende Funktion wahrnehmen.

beinhaltet eine im Alter von 18 bis 21 Jahren beginnende monatliche Selbstinspektion der Brust, eine regelmäßige jährliche Untersuchung der Brust durch den Gynäkologen ab einem Alter von 25 Jahren und eine jährliche Mammographie i.d.R. ab dem 30. Lebensjahr. Aufgrund einer sehr hohen Gewebedichte lassen sich Mammakarzinome vor dem 40. Lebensjahr durch Mammographie nur schwer nachweisen. Da erblich bedingt häufig ein junges Erkrankungsalter vorliegt, werden ergänzend der Ultraschall ab dem 25. Lebensjahr und die Magnetresonanztomographie ab dem 30. Lebensjahr empfohlen.

Tertiäre Prävention wird bei Frauen angewendet, die bereits an einem Mamma- oder Ovarialkarzinom erkrankt sind, um Nachsorge zu treffen und einem Zweitkarzinom vorzubeugen. Es werden die Möglichkeiten der primären und sekundären Prävention genutzt.

1.6. Zielstellung

Ziel der Arbeit war es, einen Beitrag zur Erforschung der Karzinogenese bei erblichem Brustkrebs zu leisten. Bisher ist bekannt, dass eine heterozygote Keimbahnmutation eine funktionsfähige Genkopie hinterlässt, die die Aufgaben des Gens im Organismus vollständig übernehmen kann. Erst ein zweites Ereignis, ein second hit, führt zu einem vollständigen Ausfall der Genfunktion. Als second hits sind bei erblichem Brustkrebs verschiedene Ereignisse in der Diskussion. Mit dieser Arbeit sollten second hit- Ereignisse untersucht werden und die Ergebnisse in die Diskussion eingebracht werden. Zu diesem Zweck wurde Tumorgewebe von Patientinnen mit bereits nachgewiesener Keimbahnmutation in den Genen *BRCA1* und *BRCA2* untersucht. In dieser Arbeit beschränkte ich mich auf LOH und Hypermethylierung als mögliche second hit- Ereignisse. Sowohl LOH als auch Hypermethylierung sind in der Literatur bereits als mögliche second hit- Ereignisse beschrieben, allerdings noch nicht genügend qualitativ und quantitativ unterlegt. Eine zusätzliche Untersuchung kleiner somatischer Mutationen und deren Bedeutung als second hit wäre für eine Diplomarbeit zu umfangreich gewesen.

Die Etablierung von Methoden zum Nachweis von LOH und Hypermethylierung am Institut für Humangenetik der Universität Leipzig war wesentlicher Bestandteil der Arbeit. So wurden methodische Ansätze zur DNA-Isolierung aus, in Formalin fixierten und in Paraffin eingebetteten, Gewebeproben entwickelt. Für die Untersuchung von LOH-Ereignissen standen bereits Verfahrensweisen zur Verfügung, wogegen zur Untersuchung des Methylierungsstatus Verfahren und Reaktionsbedingungen etabliert werden mussten.

2. Material und Methoden

2.1. Auswahl der Patientinnen

Für die Experimente wurden 16 Patientinnen ausgewählt, die am Institut für Humangenetik der Universität Leipzig betreut wurden. Alle Patientinnen stammen aus Hochrisikofamilien[13], waren zu Untersuchungsbeginn (April 2003) an Brustkrebs erkrankt und hatten sich einer Operation unterzogen. Für alle Patientinnen mit Ausnahme von 635/99 und 249/02 waren Daten einer Komplettsequenzierung der Gene *BRCA1* und *BRCA2* vorhanden. Bei 635/99 lag eine Sequenzierung von *BRCA1*, Exon 5, bei 249/02 eine Sequenzierung von *BRCA1*, Exon 11 vor (siehe Tabelle 2.1.1). 15 Patientinnen waren weiblich, ein Patient war männlich (147/02). Das Alter der Patientinnen bei erster Diagnose einer Mammakarzinomerkrankung liegt zwischen 27 und 72 Jahren. Das Durchschnittsalter beträgt 48 Jahre.

Tabelle 2.1.1: Mutationsprofil der ausgewählten Patientinnen; Sequenzierung aus Vollblut. Abkürzungen: Labor-ID = Identifikationsnummer am Institut für Humangenetik der Universität Leipzig; Alter = Lebensalter der Patientinnen bei Stellung der Diagnose einer Mammakarzinomerkrankung; NT = Nukleotid; AS = Aminosäure; M = Mutation; MS = missense; NS = nonsense; FS = frameshift; P = Polymorphismus; UV = unklassifizierte Variante.

Labor-ID	**Alter**	**Nachgewiesene Mutationen und Polymorphismen**				
		Gen	**Exon**	**NT-Wechsel**	**AS-Wechsel**	**Klassifikation**
27/99	44	***BRCA1***	**11**	**3819delGTAAA**	**Stopp 1242**	**M FS heterozygot**
		BRCA2	2	203 G>A	-	P heterozygot
		BRCA2	-	IVS9+65delT	-	UV heterozygot
		BRCA2	-	IVS10+12delT	-	UV heterozygot
		BRCA2	11	3624>G	K1132K	P heterozygot
		BRCA2	14	7470A>G	S2412S	P heterozygot
		BRCA2	-	IVS16-14T>C	-	P heterozygot
		BRCA2	-	IVS21-66C>T	-	P heterozygot
107/99	45	***BRCA1***	**5**	**314delG**	**Stopp 68**	**M FS heterozygot**
		BRCA2	-	IVS9+65delT	-	UV heterozygot
		BRCA2	10	1342A>C	H372N	P heterozygot
		BRCA2	-	IVS10+12delT	-	UV heterozygot
		BRCA2	11	4035T>C	V1269V	P heterozygot

[13] Gemäß der Klassifikation der Deutschen Krebshilfe, siehe unter 2.4. dieser Arbeit.

		BRCA2	-	IVS16-14T>C	-	P heterozygot
		BRCA2	-	IVS21-66C>T	-	P heterozygot
		BRCA2	27	10590C>A	-	UV heterozygot
147/02	57	*BRCA1*	-	IVS1-112T>C	-	P heterozygot
		BRCA1	-	IVS7-34C>T	-	P heterozygot
		BRCA1	-	IVS8-63delT	-	P heterozygot
		BRCA1	11	T2430C	L771L	P heterozygot
		BRCA1	11	C2201T	S694S	P heterozygot
		BRCA1	11	G2196A	D693N	P heterozygot
		BRCA1	11	C2731T	P871L	P heterozygot
		BRCA1	-	IVS14-63>G	-	P heterozygot
		BRCA1	-	IVS18+66G>A	-	P heterozygot
		BRCA2	-	IVS9+64delT	-	P heterozygot
		BRCA2	**10**	**2041insA**	**Stopp 615**	**M FS heterozygot**
		BRCA2	-	IVS10+12delT	-	UV heterozygot
		BRCA2	-	IVS10-73T>C	-	P heterozygot
		BRCA2	-	IVS11+80del4	-	P heterozygot
		BRCA2	14	7470A>G	S2414S	P heterozygot
183/99	72	*BRCA1*	-	IVS8-58delT	-	UV heterozygot
		BRCA1	11	C2201T	S694S	P heterozygot
		BRCA1	11	C2731T	P871L	P heterozygot
		BRCA1	11	A3232G	E1038G	UV heterozygot
		BRCA1	13	T4427C	S1436S	P heterozygot
		BRCA1	16	A4956G	S1613G	UV heterozygot
		BRCA1	-	IVS16-68A>G	-	P heterozygot
		BRCA1	-	IVS16-92A>G	-	P heterozygot
		BRCA1	-	IVS18+66G>A	-	P heterozygot
		BRCA2	**10**	**1538delAAGA**	**Stopp 458**	**M FS heterozygot**
		BRCA2	11	T4035C	V1269V	P heterozygot
		BRCA2	27	10590C>A	-	P heterozygot
201/01	48	*BRCA1*	-	IVS7-34C>T	-	P heterozygot
		BRCA1	-	IVS8-58delT	-	P heterozygot
		BRCA1	11	2201C>T	S694S	P heterozygot

		BRCA1	11	2430T>C	L771L	P heterozygot
		BRCA1	11	2731C>T	P871L	P heterozygot
		BRCA1	11	3232A>G	E1038G	P heterozygot
		BRCA1	11	3667A>G	K1183R	P heterozygot
		BRCA1	**11**	**4154delA**	**Stopp 1365**	**M FS heterozygot**
		BRCA1	16	4965A>G	S1613S	P heterozygot
		BRCA1	-	IVS16-68A>G	-	P heterozygot
		BRCA1	-	IVS16-92A>G	-	P heterozygot
		BRCA1	-	IVS17+65G>A	-	P heterozygot
		BRCA1	-	IVS18+66G>A	-	P heterozygot
		BRCA2	2	203G>A	-	P heterozygot
		BRCA2	11	3624A>G	-	P heterozygot
		BRCA2	-	IVS11+80del4	-	P heterozygot
		BRCA2	-	IVS16-14T>C	-	P heterozygot
		BRCA2	-	IVS21-66T>C	-	P heterozygot
249/02	58	***BRCA1***	**11**	**3819del5**	**Stopp 1242**	**M FS heterozygot**
304/99	27	***BRCA1***	**24**	**5622C>T**	**Stopp 1835**	**M NS heterozygot**
		BRCA2	2	203G>A	-	P heterozygot
		BRCA2	10	1342A>C	H372N	P heterozygot
		BRCA2	11	3624A>G	K1132K	P heterozygot
		BRCA2	14	7470G>A	S2412S	P heterozygot
		BRCA2	-	IVS16-14T>C	-	P heterozygot
		BRCA2	-	IVS21-66C>T	-	P heterozygot
399/02	33	*BRCA2*	2	IVS1-26G>A	-	UV heterozygot
		BRCA2	11	3624A>G	K1132K	P heterozygot
		BRCA2	11	4035T>C	V1269V	P heterozygot
		BRCA2	**11**	**5910C>G**	**Y1894X**	**M NS heterozygot**
		BRCA2	11	IVS11+80Ins4bp	-	P heterozygot
		BRCA2	14	7470A>G	S2414S	P heterozygot
426/00	34	*BRCA1*	-	IVS8-58delT	-	P heterozygot
		BRCA1	16	4956A>G	S1613G	P heterozygot
		BRCA1	-	IVS16-68A>G	-	P heterozygot
		BRCA1	-	IVS16-92A>G	-	P heterozygot

		BRCA1	-	IVS18-66G>A	-	P heterozygot
		BRCA1	**20**	**5382insC**	**Stopp 1829**	**M FS heterozygot**
		BRCA2	11	3624A>G	K1132K	P heterozygot
		BRCA2	11	4035T>C	V1269V	P heterozygot
		BRCA2	-	IVS11+80del4	-	P heterozygot
507/02	40	***BRCA2***	**10**	**2041insA**	**Stopp 615**	**M FS heterozygot**
		BRCA2	10	C1342A	H372N	P heterozygot
		BRCA2	-	IVS10-74T>C	-	P heterozygot
516/98	33	*BRCA2*	-	IVS9+65delT	-	UV heterozygot
		BRCA2	10	1342C>A	H372N	P heterozygot
		BRCA2	-	IVS10+12delT	-	P heterozygot
		BRCA2	**11**	**4706delAAAG**	**Stopp 1502**	**M FS heterozygot**
		BRCA2	-	IVS16+14T>C	-	P heterozygot
		BRCA2	-	IVS21-66C>T	-	P heterozygot
635/99	53	***BRCA1***	**5**	**T300G**	**C61G**	**M MS heterozygot**
686/01	47	***BRCA1***	**11**	**962del4**	**Stopp 296**	**M FS heterozygot**
705/00	57	*BRCA1*	-	IVS8-58delT	-	P heterozygot
		BRCA1	11	2201C>T	-	P heterozygot
		BRCA1	11	2430T>C	-	P heterozygot
		BRCA1	**11**	**2530delAG**	**Stopp 808**	**M FS heterozygot**
		BRCA1	11	2731C>T	P871L	P heterozygot
		BRCA1	11	3232A>G	E1038G	P heterozygot
		BRCA1	11	3667A>G	K1183R	P heterozygot
		BRCA1	13	4427T>C	-	P heterozygot
		BRCA1	16	4956A>G	S1613G	P heterozygot
		BRCA1	-	IVS16-68A>G	-	P heterozygot
		BRCA1	-	IVS16-92A>G	-	P heterozygot
		BRCA1	-	IVS18-66G>A	-	P heterozygot
801/00	58	***BRCA1***	**11**	**962del4**	**Stopp 297**	**M FS heterozygot**
		BRCA2	-	IVS2-25G>A	-	P heterozygot
		BRCA2	11	A3624G	K1132K	P heterozygot
		BRCA2	11	T4035C	V1269V	P heterozygot
		BRCA2	-	IVS11+80del4p	-	P heterozygot

		BRCA2	14	A7470G	-	P heterozygot
		BRCA2	-	IVS16-14T>C	-	P heterozygot
		BRCA2	-	IVS21-66T>C	-	P heterozygot
831/00	56	*BRCA1*	-	IVS7-34C>T	-	P heterozygot
		BRCA1	-	IVS10-10A>G	-	P heterozygot
		BRCA1	**11**	**2530delAG**	**Stopp 808**	**M FS heterozygot**
		BRCA2	10	A1342C	H372N	P heterozygot
		BRCA2	-	IVS10-74T>C	-	P heterozygot
		BRCA2	-	IVS16-14T>C	-	P heterozygot
		BRCA2	-	IVS21-66T>C	-	P heterozygot

Soweit nicht an der Universität Leipzig vorhanden, wurde das Probenmaterial von verschiedenen Pathologischen Instituten angefordert (Anhang 1). Zugesandt wurde mittels Formalin fixiertes, in Paraffin eingebettetes Material in Form von Paraffinblöckchen oder auf Objektträgern.

2.2. angewandte Methoden

Beginnend mit dem Entparaffinieren wurde aus dem Tumorgewebe der Patientinnen zunächst DNA isoliert, die im Anschluss mittels PCR und Sequenzierung auf das Vorhandensein der vermutlich krankheitsverursachenden Keimbahnmutation geprüft wurde. Ein dabei festgestellter Heterozygotieverlust wurde durch eine Untersuchung weiterer Exons am Beginn und Ende des betroffenen Gens weiterverfolgt. Abschließend wurden alle Proben, aus denen DNA isoliert werden konnte, auf Veränderungen im Methylierungsstatus untersucht.

2.2.1. Entparaffinieren und Separation der Tumorzellen

Das Herauslösen der Zellen aus den fixierten Proben und die Separation der Tumorzellen führten Mitarbeiter des Instituts für Pathologie der Universität Leipzig durch. Das in Paraffin eingebettete Gewebe wurde 15 Minuten auf 80 °C erwärmt und in einer absteigenden Xylolreihe das Paraffin entfernt. Dazu wurden je zweimal die Xylolkonzentrationen von 100%, 95% und 75% eingesetzt und die Zellen schließlich mit aqua dest. gewaschen (Raumtemperatur). Die Färbung der Zellen für die lichtmikroskopische Separation (Mikrodissektion) erfolgte mit Methylenblau. Dabei färben sich die DNA des Kerns, die RNA der Nucleoli und die RNA des zytoplasmatischen Raumes an. Tumorzellen wurden in 200 µl 5%igem Chelex 100 resin aufgenommen.

Material[14]: aqua dest. (aqua destilliert), Chelex 100 resin, Methylenblau, Xylol (100%, 95%, 75%)

2.2.2. Isolierung genomischer DNA

Die Isolierung der genomischen DNA wurde mit verschiedenen Methoden durchgeführt, um die geeignetste Methode für die Isolierung aus mit Formalin fixiertem und in Paraffin eingebettetem Tumorgewebe zu etablieren.

2.2.2.1. Phenolreinigung

- Zur Probe (Chelex 100 resin Zellsuspension) wurde im gleichen Volumen Phenol zugesetzt, 5 min geschwenkt und 5 min bei 10000 U/min zentrifugiert. Die obere (wässrige) Phase wurde zur weiteren Bearbeitung vorsichtig abgezogen und in ein neues Eppendorfgefäß (1,0 ml) überführt.
- Nun wurde das gleiche Volumen Phenol-Chloroform (Isoamylalkohol) (1:1) zur Probe gegeben, 5 min geschwenkt und 5 min bei 10000 U/min zentrifugiert. Die obere Phase wurde in ein neues Eppendorfgefäß (1,0 ml) überführt und weiter bearbeitet.
- Das gleiche Volumen Chloroform/(Isoamylalkohol) wurde zur Probe gegeben, 5 min geschwenkt und 5 min bei 10000 U/min zentrifugiert. Die obere Phase wurde wiederum abgezogen, in ein neues Eppendorfgefäß (1,0 ml) überführt und mit 3 M NaAc versetzt (3 µl auf 100 µl).
- Die DNA wurde mit 96% Ethanol (doppeltes Volumen der Probe) gefällt und so lange geschwenkt, bis eine DNA-Flocke erschien. Anschließend wurde 10 min bei 14000 U/min zentrifugiert, der Überstand verworfen und die Flocke mit 70%igem Ethanol gewaschen (zweifaches Volumen der Probe, anschließend 10 min Zentrifugation bei 14000U/min).
- Der Überstand wurde erneut verworfen, die DNA-Flocke bei offenem Eppendorfgefäß 15 min getrocknet und anschließend 20 µl TE zugegeben.

Material: Chloroform/(Isoamylalkohol), Ethanol (96% und 70%), NaAc (Natriumacetat), Phenol, Proteinase K, TE (Tris-EDTA-Puffer)

---

[14] Genauere Angaben zu Reagenzien und Geräten finden sich unter 3.3. und 3.4. dieser Arbeit.

2.2.2.2. Invisorb Kit

Der verwendete Invisorb® Spin Cell mini Kit beinhaltet Reagenzien und Arbeitsanweisungen zur Extraktion von DNA aus Zellkulturen, Geweben, Seren und Plasma [Invitek]. Es wurde das Protokoll zur Isolierung von DNA aus Serum oder Plasma genutzt.

- Zu 100 µl Probe (Chelex 100 resin Zellsuspension) wurden 500 µl des Lysepuffers D (vorgewärmt auf 70 °C) gegeben und für 10 min unter gelegentlichem Schütteln inkubiert.
- Es wurden 10 µl der Carrier Suspension B und des Bindungspuffers HL zugefügt, geschüttelt und die Probe in einen Spin Filter, der in einem 2,0 ml Eppendorfgefäß platziert war, überführt. Es folgte eine Inkubation von 2 min und eine Zentrifugation für 3 min bei 12000 U/min. Das Filtrat wurde verworfen.
- Der Spin Filter wurde wieder in das 2,0 ml Eppendorfgefäß eingesetzt und 550µl Waschpuffer zugefügt. Nach einer 1 min Zentrifugation bei 12000 U/min wurde das Filtrat erneut verworfen. Dieser Schritt wurde einmal wiederholt und anschließend 3 min bei 12000 U/min zentrifugiert.
- Der Spin Filter wurde in ein neues 1,5 ml Eppendorfgefäß überführt, 100 µl Elutionspuffer D zugefügt und 2 min inkubiert. Eine 2 min Zentrifugation bei 10000 U/min lieferte die DNA.

Material: Invisorb Kit (darin enthalten: Lysepuffer D, Carrier Suspension B, Bindungspuffer HL, Waschpuffer, Elutionspuffer D; [Invitek]), Proteinase K

2.2.2.3. Qiagen – QIAamp DNA mini Kit

Zu Grunde liegt die Arbeitsanweisung der Firma Qiagen. Begonnen wird ab Arbeitsschritt zwei, da nach dem Entparaffinieren und Separieren bereits isolierte und vereinzelte Tumorzellen vorliegen [Qiagen].

- Zunächst wurden die Tumorzellen mit dem gesamten Chelex 100 resin in ein 1,5 ml Mikrozentrifugen-Eppendorfgefäß überführt. 40 µl Proteinase K wurden zugegeben und anschließend 30 s gevortext und 1 h bei 56 °C inkubiert.

- Nach kurzem Anzentrifugieren und anschließender Zugabe von 100 µl Puffer AL zur Probe, wurde 15 s gevortext und 10 min bei 70 °C inkubiert. Wiederum ist kurzzeitiges Zentrifugieren nötig, um Tropfen an den Wänden zu lösen.
- Nun wurden 100 µl Ethanol (100%) dem Probengefäß zugefügt, 15 s gevortext und kurz anzentrifugiert.
- Die Lösung und das Präzipitat wurden in ein QIAamp spin column überführt, das sich in einem 2 ml Sammelgefäß befand und 1 min bei 8000 U/min zentrifugiert. Der Inhalt des Sammelgefäßes wurde verworfen und das QIAamp spin column wieder eingesetzt.
- In das QIAamp spin column wurden 250 µl Puffer AW2 gegeben und anschließend 3 min bei 14000 U/min zentrifugiert. Das Sammelgefäß wurde entleert, das QIAamp spin column wieder eingesetzt und 1 min bei 14000 U/min zentrifugiert, um sämtlichen Puffer AW2 zu entfernen.
- Das QIAamp spin column wurde in ein unbenutztes 1,5 ml Mikrozentrifugen-Eppendorfgefäß eingesetzt, 50 µl Puffer AE zugefügt und 1 min bei Raumtemperatur inkubiert. Es schloss sich eine Zentrifugation für 1 min bei 8000 U/min an.
- Der letzte Schritt wurde einmal wiederholt, um die Ausbeute an DNA zu erhöhen.

Material: QIAamp DNA mini Kit and QIAamp DNA Blood mini Kit (darin enthalten: Lösungspuffer AL, Waschpuffer AW2 und Elutionspuffer AE; [Qiagen]), Proteinase K

2.2.2.4. Chelex Spurenisolierung

- Zur Chelex 100 resin Suspension mit den Tumorzellen wurden 50 µl Proteinase K gegeben und 15 s gevortext. Es schloss sich eine Inkubation bei 60 °C an, die zwischen 20 min und 3 Tagen variierte.
- Nach der Inkubation wurde die Probe stark gevortext (10 s) und 10 min auf 100 °C erhitzt. Nach starkem Vortexen (10 s) und 10 min Zentrifugation bei 14000 U/min konnten 5 µl ungereinigt direkt in einer PCR eingesetzt werden. Eine Reinigung fand nicht statt, um eine weitere Beanspruchung und Konzentrationsverluste der DNA auszuschließen.

[Legrand et al, 2002]

Material: Proteinase K

2.2.3. Reinigung genomischer DNA

Die Reinigung genomischer DNA bietet die Möglichkeit, Verunreinigungen, wie Proteine oder Salze, aus einer Probe zu entfernen. Durch die Aufnahme der DNA in einer geringeren Menge Elutionsmittel kann die Konzentration der DNA-Suspension erhöht werden. Zu einer Probe gelöster DNA wurden 3 µl NaAc (ca. 1 µl pro 50 µl DNA-Lösung) und 500 µl Ethanol (96%) gegeben. Nach kurzem Schütteln wurde der Ansatz 20 min auf Eis inkubiert. Nach 10 min Zentrifugation bei 14000 U/min wurde, bei vorhandenem Pellet, der Überstand abgezogen und verworfen. Es wurden 300 µl 70% Ethanol zugegeben, geschwenkt und anschließend 5 min bei 14000 U/min zentrifugiert. War ein Pellet vorhanden, konnte der Überstand abgezogen und verworfen werden. Mit offenem Deckel (abgedeckt mit Filterpapier) wurde der Eppendorfgefäßinhalt 15 min auf einem 60 °C-Schüttler getrocknet und abschließend in 50 µl TE aufgenommen.

Material: Ethanol (96% und 70%), NaAc, TE

2.2.4. Photometrische Konzentrationsbestimmung

Die Spektroskopie stellt eine einfache Möglichkeit dar, um eine qualitative und quantitative Analyse von Substanzen und Substanzgemischen vorzunehmen. Für DNA wird die optische Dichte (OD) bei 260 und 280 nm bestimmt. Mit Hilfe des Lambert-Beer'schen Gesetzes lassen sich aus Kenntnis der optischen Dichten die Konzentrationen der Lösungen bestimmen. Dieser Schritt erfolgte im Versuch automatisch durch das Photometer. Der Quotient der optischen Dichte bei 260 nm zur optischen Dichte bei 280 nm ist dabei charakteristisch für die Reinheit der Probe. Bei einem Quotienten von 1,8 bis 2,0 kann von weitgehend reiner DNA ausgegangen werden. Bei größeren Werten sind Verunreinigungen durch RNA, bei kleineren Werten durch Proteine vorhanden. Im Versuch wurden 50µl einer 1:50 Verdünnung der Proben (mit HPLC-Wasser) in Plastikküvetten gegen 50 µl HPLC-Wasser gemessen.

Material: HPLC-Wasser (destilliertes und deionisiertes Wasser zur Verwendung bei der High Performence Liquid Chromatography)

2.2.5. Polymerasekettenreaktion (PCR)

Die Klonierung mittels PCR ist eine einfache Methode, um Kopien einer DNA-Sequenz anzufertigen. Dazu werden Primer gewählt, die an einem konservierten Bereich der DNA hybridisieren und minimal degeneriert sind. Die Spezifität der Bindung der Primer kann über die Temperatur reguliert werden – je höher die Temperatur gewählt wird, desto spezifischer bindet ein Primer an seine Erkennungssequenz.

Für die PCR sind drei Teilschritte nötig, die beliebig häufig (bis ausreichend Klone der DNA-Sequenz vorhanden sind) wiederholt werden können. Zuerst werden die DNA-Doppelstränge bei 94 °C denaturiert. Anschließend hybridisieren die spezifischen Oligonukleotid-Primer mit den Einzelsträngen der denaturierten DNA. Dazu ist eine primerspezifische Annealingtemperatur (ATe) notwendig. Im dritten Schritt lagert sich die DNA-Polymerase an die DNA an und verlängert, am Primer beginnend, die Nukleotidkette. Mit jedem neuen Zyklus wird der von Primern eingerahmte Templateabschnitt verdoppelt.

Als PCR-Cycler-Programm wurden die folgenden Temperaturen gewählt:

- 94 °C 3 min
- 94 °C 30 s ⎫
- ATe 30 s ⎬ 34 x
- 72 °C 1 min ⎭
- 72 °C 7 min
- 4 °C Haltetemperatur

Tabelle 2.2.1: Exonspezifische Primer (FOR, forward; REV, reverse), Annealingtemperaturen (ATe) und Amplicongrößen für das Gen *BRCA1*.

Exon	Primer	Primersequenz: 5' → 3'	ATe (°C)	Amplicongröße (bp)
2	2FOR	AGG ACG TTG TCA TTA GTT CTT TG	58	319
	2REV	AAG GTC AAT TCT GTT CAT TTG C		
3	3FOR	CAG TTC CTG ACA CAG CAG ACA	58	286
	3REV	TTC CTG GGT TAT GAA GGA CAA A		
5	5FOR	GCT TGT AAT TCA CCT GCC AT	58	269
	5REV	TTC CTA CTG TGG TTG CTT CC		
6	6FOR	AGG TTT TCT ACT GTT GCT GCA T	55	306
	6REV	AAA AGG TCT TAT CAC CAC GTC A		
7	7FOR	GGG TTT CTC TTG GTT TCT TTG	55	329
	7intFOR	GGG TTT CTC TTG GTT TCT TTG		
	7REV	GGA GGA CTG CTT CTA GCC TG		

	7intREV	AGA AGA AGA AAC AAA TGG T		
8	8FOR	AGC TGA CTG ATG ATG GTC AA	55	338
	8REV	AAA TTC ACT TCC CAA AGC TG		
9	9FOR	TGC CAC AGT AGA TGC TCA GT	57	300
	9REV	CAC ATA CAT CCC TGA ACC TAA A		
10	10FOR	TTG GTC AGC TTT CTG TAA TCG	55	346
	10REV	CCA TAC CAC GAC ATT TGA CA		
11	11aFOR	TAG CCA GTT GGT TGA TTT CC	58	394
	11aREV	CCC ATC TGT TAT GTT GGC TC		
	11bFOR	CCA TGT GGC ACA AAT ACT CA	58	399
	11bREV	TGA TTC AGA CTC CCC ATC AT		
	11cFOR	GAA ACT GCC ATG CTC AGA GA	58	437
	11cREV	ATT TAT TTG TGA GGG GAC GC		
	11dFOR	TCC CCA ACT TAA GCC ATG TA	58	437
	11dREV	AGA AGA CTT CCT CCT CAG CC		
	11eFOR	TTC AAA ACG AAA GCT GAA CC	58	445
	11eREV	TTG GAA GGC TAG GAT TGA CA		
	11fFOR	GGT AAA GAA CCT GCA ACT GG	58	416
	11fREV	TCA AAT GCT GCA CAC TGA CT		
	11gFOR	GAA AGG GTT TTG CAA ACT GA	58	381
	11gREV	TTC CTC TTC TGC ATT TCC TG		
	11hFOR	TGA ACT TGA TGC TCA GTA TTT GC	56	345
	11hREV	AGT CCA GTT TCG TTG CCT CT		
	11iFOR	TAA GCC AGT TGA TAA TGC CA	60	430
	11iREV	TTT TGG CCC TCT GTT TCT AC		
	11jFOR	ACT AAT GAA GTG GGC TCC AG	59	309
	11jREV	CAG GTC ATC AGG TGT CTC AG		
	11kFOR	TTC CTG GAA GTA ATT GTA AGC A	60	313
	11kREV	TAA CCC TGA GCC AAA TGT GTA T		
	11lFOR	GAC ATT AAG GAA AGT TCT GCT G	56	329
	11lREV	TTT GCC AAT ATT ACC TGG TTA C		
	11mFOR	ACC GTT GCT ACC GAG TGT CT	55	438
	11mREV	GTG CTC CCC AAA AGC ATA AA		

12	12FOR	GTC CCA AAG CAA GGA ATT TA	54	327
	12REV	TCA AAG AGA TGA TGT CAG CAA		
13	13FOR	GGT GAT TTC AAT TCC TGT GC	58	373
	13REV	AAA TGT TGG AGC TAG GTC CTT AC		
14	14FOR	TGT GTA TCA TAG ATT GAT GCT TTT G	60	361
	14REV	GCA ATA AAA GTG TAT AAA TGC CTG T		
15	15FOR	TTG CCA GTC ATT TCT GAT CT	54	482
	15REV	AAA CCT TGA TTA ACA CTT GAG C		
16	16FOR	CAC TGT ATT CAT GTA CCC ATT T	55	564
	16REV	CAC AGA ACT GTG ATT GTT TTC T		
17	17FOR	TGT AGA ACG TGC AGG ATT GC	58	298
	17REV	CAA AGT GCT GCG ATT ACA GG		
18	18FOR	AGT GGT GTT TTC AGC CTC TG	58	342
	18REV	CTC AGA CTC AGC ATC AGC AA		
19	19FOR	TTA AAG GGC TGT GGC TTT AG	54	279
	19REV	AAG GAA AGT GGT GCA TTG AT		
20	20FOR	TGC TAG GAT TAC AGG GGT GAG	60	380
	20REV	TTT ATG TGG TTG GGA TGG AAG		
21	21FOR	CAG GTG GTG AAC AGA AGA AA	54	298
	21REV	ACA TTT CAG CAA TCT GAG GA		
22	22FOR	CAT CCG GAG AGT GTA GGG TA	60	240
	22REV	CAT CCA TAG GGA CTG ACA GG		
23	23FOR	CCC TGT CTC AAA AAC AAA CA	57	234
	23REV	CAA GCA CCA GGT AAT GAG TG		
24	24FOR	TGG AGT CGA TTG ATT AGA GC	60	311
	24REV	AGC CAG GAC AGT AGA AGG AC		

Tabelle 2.2.2: Exonspezifische Primer (FOR, forward; REV, reverse), Annealingtemperaturen (ATe) und Amplicongrößen für *BRCA2*

Exon	**Primer**	**Primersequenz: 5' → 3'**	**ATe (°C)**	**Amplicon-größe (bp)**
2	2FOR	TGT TCC CAT CCT CAC AGT AAG	58	336
	2REV	GTA CTG GGT TTT TAG CAA GCA		
3	3FOR	AAC TGT TCT GGG TCA CAA AT	58	439

	3REV	AGA GGC CAG AGA GAC TGA TT		
4	4FOR	AAC ACT TCC AAA GAA TGC AA	58	292
	4REV	TAC CAG GCT CTT AGC CAA A		
5/6	5/6FOR	TGG CAT TTT AAA CAT CAC TTG	58	450
	5/6REV	CTC AGG GCA AAG GTA TAA CG		
7	7FOR	AGC ATT CTG CCT CAT ACA GG	58	284
	7REV	TCA ACC TCA TCT GCT CTT TCT T		
8	8FOR	TCA CTG TGT TGA TTG ACC TTT C	58	278
	8REV	GGC ATT CCA AAA TTG TTA GC		
9	9FOR	GGA CCT AGG TTG ATT GCA GA	58	316
	9REV	AGA GCA AGA CTC CAC CTC AA		
10	10.1FOR	TAG AAG AAC AGG AGA AGG GG	57	480
	10.1REV	TCA TTT GGT TCC ACT TCA GA		
	10.2FOR	GCA AAC GCT GAT GAA TGT G	57	490
	10.2REV	GAA ATG AAG AAG CCA CTG GA		
	10.3FORgroß	AGC AGC ATC TTG AAT CTC AT	57	564
	10.3REVgroß	ACA CAG AAG GAA TCG TCA TC		
11	11aFOR	AAG CAG TCT TCC TGC CTC AG	60	446
	11aREV	GCA GCC AAG ACC TCT TCT TTT		
	11bFOR	CCC CAG AAG CTG ATT CTC TGT	60	405
	11bREV	TTT CAG GTG GCA ACA GCT C		
	11cFOR	TCC CAT GGA AAA GAA TCA AG	54	422
	11cREV	CCT CTG CAA GAA CAT AAA CCA		
	11dFOR	CGA ACC CAT TTT CAA GAA CT	58	432
	11dREV	GGC TTG CTC AGT TTC TTT TG		
	11eFOR	GGA AAT CAA GCT CTC TGA ACA	57	500
	11eREV	ATT GCT TGC TGC TGT CTA CC		
	11fFOR	AAG TGC CTG AAA ACC AGA TG	56	532
	11fREV	CAA CAA AAG TGC CAG TAG T		
	11gFOR	GTC ATG ATT CTG TCG TTT CA	56	532
	11gREV	GAC TCT TTG GCG ACA CTA AT		
	11hFOR	TGC TAC TAA AAC GGA GCA AA	64	597
	11hREV	GGT CTT TAC AGG CCT CTC TG		

	11iFOR	GGA ATC TTT GGA CAA AGT GA	55	498
	11iREV	GGT TGA CCA TCA AAT ATT CC		
	11jFOR	TCA GTC CCC TTA TTC AGT CA	56	491
	11jREV	TGC AGG GTG AAG AGC TAG T		
	11kFOR	CGA TTC TGG TAT TGA GC	55	479
	11kREV	CAC TCT GAA TGT CAG CAA AA		
	11lFOR	ATT ATG GCA GGT TGT TAC GA	54	507
	11lREV	TCC AGA GAA AGC AGA TGA AT		
	11mFOR	ATT CAG ACC AGC TCA CAA GA	54	500
	11mREV	AGG TGA AGC CTG TTC TTT TC		
	11nFOR	TGT TGA AGG TGG TTC TTC AG	55	565
	11nREV	CCC CAA ACT GAC TAC ACA AA		
12	12FOR	TGT GGT ATC TGG TAG CAT CTG	60	500
	12REV	CAC AGT GGC TCA TGT CTG TA		
13	13FOR	GTG AGT TAT TTG GTG CAT AGT C	54	317
	13REV	CGA GAC TTT TCT CAT ACT GTA TTA G		
14	14.1FOR	GGC TAG CCT TGA AAA ATG TG	58	382
	14.1REV	AAA GAC TTT GGT TGG TCT GC		
	14.2FOR	GCA ATT TAG CAG TTT CAG GAC	58	428
	14.2REV	GGG CTT TAA AAT TAC CAC CA		
15	15FOR	GGC CAG GGG TTG TGC TTT TT	56	324
	15REV	TTC ATT CAT CCA TTC CTG C		
16	16FOR	GCA GAC TGT GGA ATG TAT GG	57	468
	16REV	AGA AAG AGG GAT GAG GGA AT		
17	17FOR	CAG AGA ATA GTT GTA GTT GTT GAA	58	367
	17REV	AGA AAC CTT AAC CCA TAC TGC		
18	18FOR	TCA GTG ACT TGT TTA AAC AGT G	56	537
	18REV	CAT CTA AGA AAT TGA GCA TCC		
19	19FOR	AAG GCA GTT CTA GAA GAA TGA AA	57	342
	19REV	CAA GAG ACC GAA ACT CCA TC		
20	20FOR	GGT GAT CCA CTA ATC TCA GC	57	452
	20REV	TGT CCC TTG TTG CTA TTC TT		
21	21FOR	CTT TGG GTG TTT TAT GCT TG	57	300

	21REV	CAT ATT CCT TCC TGT GAT GG		
22	22FOR	TTT GTC CTG TTT AAA GCC ATC	57	397
	22REV	AGT GGA TTT TGC TTC TCT GA		
23	23FOR	CCA CTA CTA ATG CCC ACA AA	58	324
	23REV	CAA GCA CTT ATC AAA ACT GAA A		
24	24FOR	ACC GGT ACA AAC CTT TCA TT	57	334
	24REV	AAT TTG CCA ACT GGT AGC TC		
25	25FOR	AGC ACT GTA AGC AAC AGG TC	57	463
	25REV	TAC CAA AAT GTG TGG TGA TG		
26	26FOR	GGT CCC AAA CTT TTC ATT TC	57	310
	26REV	AGA ATA TAC GAT GGC CTC CA		
27	27.1FOR	CTG TGT GTA ATA TTT GCG TGC T	57	500
	27.1REV	TCA ATG CAA GTT CTT CGT CA		
	27.2FOR	CCA AAT ACG AAA CAC CCA TA	57	477
	27.2REV	CGC TGA GGT AAA TTT GAA AC		

Reaktionsansatz:

Ansatz für 1 PCR-Eppendorfgefäß (0,2 ml), Gesamtmenge 25 µl:

13,85 µl HPLC-Wasser

2,5 µl PCR-Puffer (10x)

2,0 µl 15 mM $MgCl_2$

2,5 µl dNTPs

0,5 µl Vorwärtsprimer

0,5 µl Rückwärtsprimer

3,0 µl genomische DNA (entspricht 100 ng)

0,15 µl Taq-Polymerase

Zu beachten war: Zugabe der Taq-Polymerase auf Eis, da es ansonsten zu unspezifischen Anlagerungen der Primer kommt. Bei mehreren Proben wurde ein Mastermix angefertigt, in den alle Komponenten bis auf die genomische DNA und die Primer in entsprechender Menge pipettiert und dann auf PCR-Eppendorfgefäße mit der genomischen DNA und den spezifischen Primern aufgeteilt wurden.

Um die Effizienz der PCR zu erhöhen, wurde die Veränderung einiger Komponenten ausprobiert. Die DNA-Menge wurde auf 5 µl erhöht (bei entsprechend geringerem Einsatz von HPLC-Wasser), die Annealingzeit auf 45s verlängert. Das dargestellte Programm und die Zusammensetzung des Reaktionsansatzes entsprechen den für die Amplifizierung des Tumormaterials genutzten Bedingungen.

Material: dNTPs (2´-Desoxynucleosid-5´-triphosphat), HPLC-Wasser, $MgCl_2$ (Magnesiumchlorid), PCR-Puffer (10x), Primer, Taq-Polymerase; als Kontroll-DNA: Templates G, L (Positivkontrollen: G: *BRCA1*, Exon 11l; L: *BRCA1*, Exon 11g) oder 548/02, als Leerwert: HPLC-Wasser (statt DNA)

2.2.6. Gelelektrophorese

Die Gelelektrophorese ermöglicht die Auftrennung und den Nachweis von PCR-Produkten anhand ihrer Größe. Es wurde ein 2%iges Agarose-Gel hergestellt, indem 2 g Agarose in 100 ml 1xTE-Puffer gelöst wurden. Diese wurde mehrfach in einer Mikrowelle aufgekocht, bis keine Bläschenbildung mehr auftrat. Unter Zufügen eines Magnetrührstäbchens kühlte die Agarose unter ständigem Rühren ab. Zum Nachweis der PCR-Produkte wurde bei etwa 70 °C 5 µl Ethidiumbromid hinzugefügt. Bei etwa 50 °C, wurde die Agarose in eine Elektrophoresekammer gegossen und abgekühlt. Daraufhin wurden 10 µl des PCR-Produktes mit 2 µl Bromphenolblau (10x) gemischt und 10 µl des Gemisches in die Geltaschen pipettiert. Zur Bestimmung der Fragmentgröße der amplifizierten PCR-Produkte wurden 10 µl des 100 bp Standards auf jedem Gel aufgetragen. Als Elektrolytlösung diente TE-Puffer. Die Auftrennung der DNA-Fragmente erfolgte mittels Anlegen einer Spannung von 110 V. Nach der Elektrophorese wurden die Gele mit UV-Licht im Transilluminator Bio Doc-II™ System beleuchtet und fotografiert. Für ein 1,4%iges Agarosegel wurde entsprechend verfahren. Einzige Abweichungen waren der Einsatz von nur 1,4% Agarose (die in 100 ml 1xTE-Puffer gelöst wurde) und der Auftrag von 5µl PCR-Produkt + 5 µl Bromphenolblau (5x).

Material: Agarose, Bromphenolblau, Ethidiumbromid, 100 bp Standard, 1xTE

2.2.7. Sequenzierung

Die Fragmente der Tumor DNA, für die bereits in der Mutationsanalyse des Normalgewebes eine Mutation nachgewiesen werden konnte, wurden in 5’ → 3’ Richtung sequenziert. Mit

Hilfe der Sequenzierung kann die genaue Basenpaarfolge isolierter und ggf. gereinigter DNA bestimmt werden.

Zum Sequenzieren wurde die Sanger–Methode genutzt [Lehninger et al, 1998, S. 406ff]. Dabei werden neben dNTPs (Desoxynukleotid-Triphosphaten) auch ddNTPs (Didesoxynukleotid-Triphosphate) in den neusynthetisierten DNA-Strang eingebaut. Nach dem Einbau eines ddNTPs erfolgt dabei ein Kettenabbruch. Der Einsatz verschiedener ddNTPs ermöglicht es für jede der Basen Adenin, Thymin, Cytosin und Guanin je nach ihren Positionen in der DNA unterschiedlich große Fragmente zu erhalten. Durch die Vielzahl der Zyklen ist es wahrscheinlich, dass nach jeder Base der zu sequenzierenden DNA mindestens einmal ein Kettenabbruch erfolgt. Aus der Länge der entstandenen Fragmente und der Kombination der Ergebnisse für alle vier Basen, lässt sich auf die Sequenz der DNA schließen. Die Sequenzierung erfolgte automatisch durch Automaten und Computerprogramme des ABI Prism™ 377 DNA-Sequenzautomaten. Durch den Argonlaser des ABI Prism™ Detektionssystems entstehen basenspezifische Emissionsspektren (ddATP (570 nm, grüne Fluoreszenz), ddTTP (595 nm, rote Fluoreszenz), ddCTP (625 nm, blaue Fluoreszenz), ddGTP (540 nm, gelbe Fluoreszenz)), die ausgewertet werden können.

Die Übersetzung der Nukleotid-Sequenz in die Aminosäure-Abfolge ermöglicht es, mutationsbedingte Auswirkungen auf die biologische Funktion des Proteins festzustellen. Die Methode der direkten Sequenzierung bietet eine Sensitivität von 99% und ermöglicht einen direkten Vergleich der untersuchten DNA mit einer bekannten und in Datenbanken (z.B. UniGene[15]) gespeicherten Wildtypsequenz.

2.2.7.1. Probenvorbereitung

2.2.7.1.1. Reinigung der PCR–Produkte

Für die Sequenzierreaktion sind reine DNA-Proben erforderlich. Salze, Enzyme, Primer und überschüssige markierte dNTPs der vorangegangenen PCR müssen so weit wie möglich entfernt werden, da sie die Reaktionsbedingungen stören und unspezifische Basenpaarungen ermöglichen können. Das PCR-Produkt wurde in ein Säulenröhrchen, das sich in einem 2 ml Eppendorfgefäß befindet, pipettiert und mit 100 µl (vierfaches Volumen) PB versetzt. Der Ansatz wurde 1 min bei 14000 U/min zentrifugiert, das Filtrat verworfen und 500 µl PE der Probe im Säulenröhrchen zugefügt. Nach Zentrifugation bei 14000 U/min wurden noch

[15] http://www.ncbi.nlm.nih.gov - „Search: UniGene“ (Stand: 12.02.2004)

einmal 500 µl PE zugegeben und abermals bei 14000 U/min zentrifugiert. Das Filtrat wurde verworfen und das Säulenröhrchen in ein neues 1,5 ml Eppendorfgefäß gestellt. Das Eluieren der DNA erfolgte mit 20 µl HPLC-Wasser. Nach 10 min Inkubation und Zentrifugation enthielt das Filtrat nun die gereinigte DNA. 5µl der gereinigten DNA wurden als Kontrolle mit 5 µl 5xBBS auf ein 1,4%iges Agarosegel aufgetragen.

Material: HPLC-Wasser, QIAquick PCR Purification Kit

2.2.7.1.2. Sequenzierreaktion

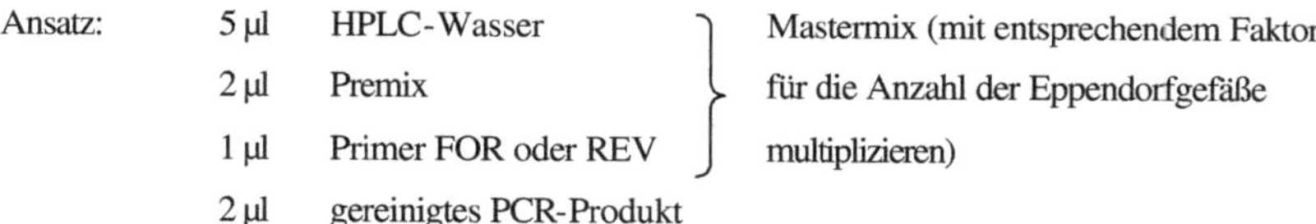

Ansatz:	5 µl	HPLC-Wasser	Mastermix (mit entsprechendem Faktor für die Anzahl der Eppendorfgefäße multiplizieren)
	2 µl	Premix	
	1 µl	Primer FOR oder REV	
	2 µl	gereinigtes PCR-Produkt	

PCR-Cycler-Programm:

- 96 °C 2 min
- 96 °C 10 s ⎫
- 50 °C 5 s ⎬ 25 x
- 60 °C 4 min ⎭
- 4 °C Haltetemperatur

Material: HPLC-Wasser, Premix: BigDye®Terminator v.3.1 Cycle Sequencing Kit, Primer für *BRCA1* und *BRCA2*

2.2.7.1.3. Fällung

Für die Sequenzierung ist reine DNA erforderlich. Verunreinigungen durch Enzyme und Salze müssen vermieden, überflüssige Primer und Nukleotide vermindert werden.

Zum Produkt der Sequenzierreaktion wurden in jedes Eppendorfgefäß (0,2 ml) gegeben:

21,75 µl	HPLC-Wasser	Für einen Mastermix mit entsprechendem Faktor für die Anzahl der Eppendorfgefäße multiplizieren.
0,5 µl	Dextran Blue	
38,25 µl	Ethanol (100%)	
2,0 µl	NaAc	

Anschließend wurde leicht gevortext, 30 min bei Raumtemperatur inkubiert und 30 min bei 12000U/min zentrifugiert. Der Überstand wurde verworfen und zum Pellet jeweils 150 µl Ethanol (75%) gegeben. Nach kurzem Schwenken wurde 7 min bei 12000 U/min zentrifugiert. Anschließend wurde gründlich abpipettiert und die geöffneten Eppendorfgefäße 5 min in einer Vakuumzentrifuge bei 12000 U/min zentrifugiert. Abschließend wurde das Pellet in 3µl Formamid-Dextran Blue aufgenommen.

Material: Dextran Blue, Ethanol (75% und 100%), Formamid-Dextran Blue, HPLC-Wasser, NaAc

2.2.7.2. Sequenzieren

2.2.7.2.1. Reinigung der Platten

Die Platten der Gelkammer wurden über Nacht (mindestens jedoch 2 h) in 5 M NaOH eingelegt und mehrmals darin gebürstet. Anschließend wurden sie ausgiebig unter Leitungswasser gespült, 3x mit Alconox von beiden Seiten gewaschen (nach jedem Waschen mit Leitungswasser nachgespült), 5x mit aqua dest. gespült und schließlich mit einem Isopropanol-Strahl so lange gereinigt, bis keine Schlieren mehr herabliefen. Abschließend wurden die Platten vertikal bei Raumtemperatur getrocknet.

Material: Alconox, aqua dest., Isopropanol, Leitungswasser, NaOH

2.2.7.2.2. Zusammensetzen der Gelkammer und Gießen des Gels

Die erste Platte wurde mit der Innenseite nach oben auf Gummistopfen gelegt. Die Spacer (Platzhalter) wurden mit aqua dest. befeuchtet und auf die erste Platte aufgelegt. Die zweite Platte wurde mit der Innenseite nach unten aufgelegt und beide Platten mit je zwei Klammern auf den langen Seiten aneinander befestigt. An den kurzen Seiten wurde Folie aufgelegt, um das Eindringen von Staub zu verhindern.

Für das Gießen des Polyacrylamid-Gels wurden 18,0 g Harnstoff in einem Becherglas abgewogen und 15 ml HPLC-Wasser zugefügt. Es wurden 6,0 ml 40%iges PAGE-Plus (PAGE = Polyacrylamid Gelelektrophorese) und 5,0 ml 10xTBE und ein Magnetrührstab zugegeben und das Becherglas auf einem Heizrührer erwärmt. Nach Auflösen des Harnstoffs wurde der Inhalt des Becherglases in einen Messzylinder überführt und mit HPLC-Wasser auf 50 ml aufgefüllt. Mit einem Vakuumfiltrierer wurde die Lösung entgast. 50 mg Ammoniumpersulfat wurden in 500 µl HPLC-Wasser gelöst – 300 µl zum Gel gegeben. Durch Zufügen von 20 µl TEMED wurde die Polymerisation ausgelöst.

An jeder langen Seite der Platten wurden, zusätzlich zu den zwei vorhandenen, zwei weitere Klammern angebracht. Die gerade vorbereitete, langsam polymerisierende Lösung wurde mit einer Spritze aufgezogen und am vorderen Ende der Platten in den Plattenzwischenraum vorsichtig eingebracht. Dazu wurde die Spritze mehrfach quer entlang der Glasplatte geführt. Durch Klopfen wurde die Lösung gleichmäßig, ohne Luftblasen (!) über die gesamte Plattenlänge verteilt, bis der gesamte Plattenzwischenraum gefüllt war. Der Rest des Spritzeninhalts wurde zum Überprüfen, ob eine Polymerisation stattgefunden hat, in ein Becherglas gegeben. Am vorderen Ende der Platten wurde ein Gelkamm mit der glatten Seite zum Gel eingeschoben, an den Ecken der Platten Halteklammern angebracht. Nach 15 min wurde eine Folie um das hintere Ende der Platten gelegt, nach weiteren 15 min der Gelkamm wieder vorsichtig entfernt. Gelreste vom Entfernen des Kammes wurden mit Zellstoff bzw. einem alten Gelkamm entfernt und die vordere Gelkante dreimal in beide Richtungen mit aqua dest. gespült, bis das Wasser ungehindert an einer glatten Gelkante entlang fließen konnte. Nun wurde ein Gelkamm mit den Zacken voran an der glatten Gelkante 1,5 bis 2 mm tief in das Gel eingeführt.

Material: Ammoniumpersulfat, Harnstoff, HPLC-Wasser, PAGE-Plus, 10xTBE, TEMED (Tetramethylethylenediamin)

2.2.7.2.3 Sequenzervorbereitung und Probenauftrag

Alle Klammern wurden von den Platten entfernt und die Platten von außen trocken gewischt. Anschließend wurden die Platten in einen Rahmen eingespannt und die Laserzone mit Isopropanol gereinigt. Der Rahmen samt Platten wurde in den Sequenzer eingespannt und das Testprogramm (Plate Check) gestartet, um die Sauberkeit der Laserzone zu überprüfen. Die obere Pufferkammer wurde angebracht und mit 1xTBE befüllt. Die untere Pufferkammer wurde anschließend ebenfalls mit 1xTBE so lange aufgefüllt, bis ein kleiner Berg entstand. Nun wurde die Heizplatte an die Gelplatten angebracht. Das Programm wurde gestartet. Nachdem 45 °C erreicht waren, wurden die Taschen im Gel vorsichtig mit einer Spritze mit 1xTBE gespült, um Luftblasen zu entfernen. Dieser Vorgang wurde bei 47 °C wiederholt. In der Zwischenzeit wurden die Proben bei 96 °C denaturiert und schließlich in die Taschen des Gels mit einer Pipette eingebracht. Dabei wurden zunächst die ungeraden Taschen befüllt und das Programm 2 min laufengelassen. Das Programm wurde wieder angehalten und die geraden Taschen mit Proben gefüllt. Das Programm wurde gestartet.

Material: 1xTBE (Tris-Borat-EDTA-Puffer)

2.2.8. Untersuchung des Methylierungsstatus

Der Nachweis von Methylierungsunterschieden in homologen DNA-Fragmenten erfolgt über eine Modifikation nicht-methylierter Genbereiche durch Sulfonierung (Bisulfit Modifikation). Alle nicht-methylierten Cytosine, insbesondere aber solche, welchen Guanin in 3'-Richtung der Sequenz folgt (sog. CpG-Islands), werden durch die Modifikation durch ein Uracil ersetzt und können durch spezifische Primer in einer nachfolgenden PCR abgebildet werden (Abb. 7).

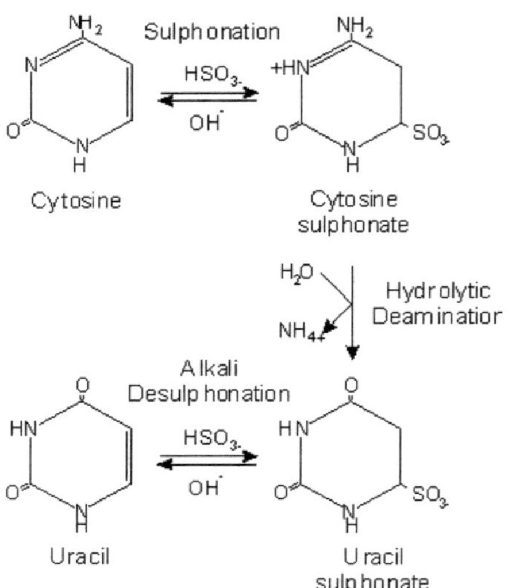

Abb. 7: Ablauf der Deaminierung; [Gratchev, 2004].

2.2.8.1. Deaminierung

In einem Eppendorfgefäß wurden 0,5 µg DNA-Probe aus der Chelex-Spurenisolierung in 70 µl HPLC-Wasser aufgenommen und 8 µl 3 M NaOH zugegeben. Dabei wurde von einer Ausgangskonzentration der DNA-Proben von 10 µg/ ml ausgegangen, folglich 50 µl Probe mit 20 µl HPLC-Wasser und 8 µl 3 M NaOH versetzt. Nach gutem Vortexen wurde die Probe 15 min bei 37 °C und 3 min bei 95 °C inkubiert. Nach der Inkubation bei 95 °C wurden die Proben sofort zu 600 µl einer auf 55 °C vorgewärmten Bisulfitlösung gegeben und der Ansatz 2 h bei 55 °C im Dunkeln inkubiert [Weinhaeusel et al, 2001].

Material: Bisulfitlösung, HPLC-Wasser, NaOH (Natriumhydroxid)

2.2.8.2. Reinigung

Die bei der Deaminierung bei 55 °C inkubierte Probe wurde 3 min lang bei Raumtemperatur abgekühlt und in ein QIAamp spin column in einem 2 ml Sammelgefäß überführt. Es schloss sich eine Zentrifugation, 1 min bei 12000 U/min, an. Das Filtrat wurde verworfen, zur Probe 500 µl PE Waschlösung gegeben und erneut 1 min bei 12000 U/min zentrifugiert und das Filtrat verworfen. Das Spin wurde nun um 180° gedreht wieder in die Zentrifuge eingestellt, gleichermaßen zentrifugiert und das Filtrat verworfen. 150 µl Ethanol/NaOH wurden direkt auf die Membran des Spins pipettiert und 30 min bei 37 °C inkubiert. Zur Neutralisation wurden 11,25 µl 20%ige Essigsäure und 500µl PE zugegeben. Es folgte eine 1 min Zentrifugation bei 12000 U/min. Das Filtrat wurde verworfen. Es wurde noch einmal mit 500 µl PE gewaschen, 1 min bei 12000 U/min zentrifugiert, das Filtrat verworfen. Das Spin wurde dann in ein neues 1,5 ml Eppendorfgefäß überführt, 100 µl EB direkt auf die Membran gegeben, 2 min bei Raumtemperatur inkubiert und anschließend 3 min bei 14000 U/min zentrifugiert. Die DNA befand sich nun im Eppendorfgefäß und stand für eine methylierungsspezifische PCR zur Verfügung [Weinhaeusel et al, 2001].

Material: Essigsäure, Ethanol/NaOH, QIAquick PCR Purification Kit (Puffer PE und EB)

2.2.8.3. Methylierungsspezifische PCR

Die Bisulfit-modifizierte DNA wurde mit PCR Primern amplifiziert, die methylierte (M) und unmethylierte (U) DNA unterscheiden. Die Primersequenzen für *BRCA1* Exon 1a sind die folgenden: U Vorwärtsprimer, 5' GGT TAA TTT AGA GTT TTG AGA GAT G; U Rückwärtsprimer, 5' TCA ACA AAC TCA CAC CAC ACA ATC A, M Vorwärtsprimer, 5' GGT TAA TTT AGA GTT TCG AGA GAC G und M Rückwärtsprimer, 5' TCA ACG AAC TCA CGC CGC GCA ATC G. Die Primer amplifizieren ein 182 bp-Fragment, das den Anfang des Exons 1a von *BRCA1* beinhaltet [Baldwin et al, 2000]. Für *BRCA2* wurden M-spezifische Primer eingesetzt, die den Transkriptionsstartpunkt im Bereich von –135 bis +210 bp flankieren: 5' GGT TGG GAT GTT TGA TAA G und 5' CAA CCC ACT ACC ACC ACC ACT AA. Das erwartete Fragment hat eine Länge von 345 bp [Chan et al, 2002].

Als Positivkontrolle wurde DNA der Kontrolle „Template 548/02" mit CpG-Methylase modifiziert und anschließend ebenfalls der Deaminierung, Reinigung und einer methylierungs-spezifischen PCR unterzogen. CpG-Methylase methyliert alle Cytosin-Reste, die sich in einem Doppelstrang in 5' – CG – 3'-Anordnung befinden. 45 µl Template-DNA (entspricht etwa 1µg

DNA) wurde dazu mit 5 µl 10xNE-Puffer, 5 µl S-adenosylmethionin und 0,5 µl CpG-Methylase (2U) versetzt, gut durchmischt und 2,5 h auf einem Schüttler bei 37 °C inkubiert. Anschließend wurde die CpG-Methylase durch 5 min Erhitzen der Probe auf 95 °C inaktiviert.

Zunächst wurden die PCR-Bedingungen spezifisch eingestellt. Dazu wurde die Positivkontrolle eingesetzt. Es wurden Annealingtemperaturen von 58 °C bis 74 °C und $MgCl_2$-Konzentrationen von 1,5 mM bis 2,5 mM für *BRCA1* Exon 1aM und *BRCA2* Exon 1M getestet. Das Ergebnis ist im Folgenden dargestellt. Für *BRCA1* Exon 1aU wurden die Angaben aus der Literatur angewandt.

Reaktionsansatz: Ansatz für 1 PCR-Eppendorfgefäß (0,2 ml), Gesamtmenge 25 µl:

	***BRCA1* Exon 1aU**	***BRCA1* Exon 1aM**	***BRCA2* Exon 1M**
HPLC-Wasser	11,85 µl	11,35 µl	11,35 µl
PCR-Puffer (10x)	2,5 µl	2,5 µl	2,5 µl
15mM $MgCl_2$	2,0 µl	2,5 µl	2,5 µl
dNTPs	2,5 µl	2,5 µl	2,5 µl
Vorwärtsprimer	0,5 µl	0,5 µl	0,5 µl
Rückwärtsprimer	0,5 µl	0,5 µl	0,5 µl
genomische DNA (entspricht 100ng)	5,0 µl	5,0 µl	5,0 µl
Taq-Polymerase	0,15 µl	0,15 µl	0,15 µl

PCR-Bedingungen:

94 °C 3 min

94 °C 15 s
AT 30 s } 35x
72 °C 30 s

72 °C 2 min

4 °C Haltetemperatur

AT:	*BRCA1*	Ex1aU	61 °C
		Ex1aM	65 °C
	BRCA2	Ex1M	59 °C

Das PCR-Produkt wird auf ein 2%iges NuSieve-3:1-Agarose-Gel in 1xTBE in einer Gelelektrophorese aufgetragen [Herman et al, 1996; Baldwin et al, 2000].

Material PCR: dNTPs, HPLC-Wasser, $MgCl_2$, PCR-Puffer (10x), Primer *BRCA1* Exon 1aU und M, Primer *BRCA2* Exon 1M, Taq-Polymerase

Material zur Methylierung der Positivkontrolle: 10xNE-Puffer, S-adenosylmethionin, CpG-Methylase

2.3. Übersicht über verwendete Reagenzien

Tabelle 2.3.1: Übersicht über verwendete Reagenzien; mit Hersteller- und Konzentrationsangaben.

Bezeichnung	**Hersteller und Bemerkungen**
100 bp Standard, 1 µg/ µl in TE; pH 7,5; Fragmentgrößen: 100, 200, 300, 400, 500, 600, 700, 800, 900, 1000, 1500 bp	20µl Marker-Konzentrat (Pharmazia Biotech, Braunschweig) + 20 µl 10xBBS (Serva Elektrophoresis GmbH, Heidelberg) + 160 µl HPLC-Wasser; zu 10 µl alliquotieren; Lagerung bei –20 °C
10xNE-Puffer	New England Biolabs, Beverly (USA); 10xNE-Puffer wird mit CpG-Methylase mitgeliefert; Zusammensetzung: 50 mM NaCl, 10 mM Tris-HCl, 10 mM $MgCl_2$, 1 mM Dithiothreitol (pH = 7,9, 25 °C).
Agarose	Serva Elektrophoresis GmbH, Heidelberg
Alconox, 1%ige Waschlösung	Alconox, New York (USA)
Ammoniumpersulfat, 10%	50 mg Ammoniumpersulfat (Amresco®, Ohio (USA)) in 500 µl HPLC-Wasser auflösen
BigDye®Terminator v.3.1 Cycle Sequencing Kit	Applied Biosystems, Warrington (UK)
Bisulfitlösung	8,1 g Sodiumbisulfit (Sigma, Steinheim) + 15 ml HPLC-Wasser + 200 µl 200mM Hydroquinone (0,22 g Hydroquinone (Sigma, Steinheim) auf 10 ml HPLC-Wasser) + 600 µl

	10 mM NaOH (2 µl 3 M NaOH + 598 µl HPLC-Wasser), auf 20 ml mit HPLC-Wasser auffüllen und zu 600 µl alliquotieren. Bisulfitlösung ist bei –20 °C 3 Wochen haltbar.
Bromphenolblau (BBS), 10x	2,5 mg Bromphenolblau (Serva Elektrophoresis GmbH, Heidelberg) + 4 g Sucrose (Merck, Darmstdt) mit aqua dest. auf 10 ml auffüllen; für 5xBBS mit 20 ml aqua dest. auffüllen
Chelex 100 resin, 5%	5mg Chelex 100 resin (BioRad, München) in 100 ml HPLC-Wasser aufnehmen
Chloroform/Isoamylalkohol	1:1 Gemisch aus Chloroform (Merck, Darmstadt) und Isoamylalkohol (Merck, Darmstadt)
CpG-Methylase (Sss I Methylase)	New England Biolabs, Beverly (USA)
Dextran Blue/EDTA	ABIPrism®/ Applied Biosystems, Warrington (UK)
dNTP-Set, 100 mM	Amersham Bioscience, Uppsala (Schweden): je 20 µl dATP, dCTP, dGTP, dTTP in 920 µl HPLC-Wasser aufnehmen
EDTA Lösung, 0,5 M	18,61 g EDTA (Amresco®, Ohio (USA)) + 80 ml aqua dest. + 2 g NaOH (Merck, Darmstadt) rühren und auf pH 8,0 einstellen; auf 100 ml mit aqua dest. auffüllen
Ethanol, 70%, 75%, 96%	Verhältnis Ethanol (100%, Merck, Darmstadt) : HPLC-Wasser: für 70% 7 : 3, für 75% 3 : 1, für 96% 9,6 : 0,4
Ethanol/NaOH	9 Volumen Ethanol (96%) + 1 Volumen 3 N NaOH (Merck, Darmstadt)
Ethidiumbromid, 1%	Für die Stammlösung: 5 mg Ethidiumbromid (Serva Elektrophoresis GmbH, Heidelberg) in 1 ml aqua dest. aufnehmen; für 1%ige Lösung: 5 µl Stammlösung in 100 ml 1xTE aufnehmen

Formamid	Sigma, St. Louis (USA)
Formamid-Dextran Blue	140 µl Formamid (Sigma, St. Louis (USA)) + 40 µl Dextran Blue (ABIPrism®/ Applied Biosystems, Warrington (UK))
Essigsäure, 20%	100% Essigsäure; (Baker (Holland)) 1:5 mit aqua dest. versetzt
Harnstoff	Biorad, München
HPLC-Wasser	Merck, Darmstadt
Invisorb® Spin Cell mini Kit for DNA extractions from cell culture, swabs, sera and plasma.	Invitek, Berlin (darin enthalten: Lysepuffer D, Carrier Suspension B, Bindungspuffer HL, Waschpuffer, Elutionspuffer D)
Isopropanol	Merck, Darmstadt
Magnesiumchlorid/ $MgCl_2$, 15 mM	120 µl $MgCl_2$ (25 mM, Applied Biosystems, Warrington (UK)) mit 80 µl HPLC-Wasser versetzen
Methylenblau	Keine Angabe
NaOH, 3 N (nur bei 3.2.7.2.1. 5 N)	200 g NaOH (Merck, Darmstadt) auf 1000 ml mit aqua dest. auffüllen; für 3 N NaOH entsprechend 120 g NaOH (Merck, Darmstadt) auf 1000 ml mit aqua dest. auffüllen.
Natriumacetat/NaAc, 3 M, pH 4,6	Applied Biosystems, Warrington (UK)
NuSieve® 3:1 agarose	BioWhittaker Molecular Applications, Rockland (USA)
PAGE-Plus, 40%	Amresco®, Ohio (USA)
PCR Puffer (10x)	Applied Biosystems, Warrington (UK): 1,5 ml enthalten 100 mM Tris-HCl und 500 mM KCl; pH 8,3
Phenol	Roti Phenol, Carl Roth GmbH, Karlsruhe
Primer BRCA1 Exon 2 bis 24, Stammlösungen (unterschiedliche Konzentrationen)	Metabion GmbH, Martinsried 10 pmol/ µl Endkonzentration: unterschiedliche Volumen Stammlösung auf 50 µl mit HPLC-Wasser auffüllen (siehe Anhang).
Primer BRCA2 Exon 2 bis 27,	Metabion GmbH, Martiensried

Stammlösungen, 100 pmol/ µl	10pmol/ µl Endkonzentration: 5 µl Stammlösung mit 45 µl aqua dest. auffüllen
Primer BRCA1 Ex1aU und Ex1aM für Hypermethylierung, 50 pmol/ µl	BioTeZ, Berlin; Einsatz in einer Konzentration von 10 pmo/ µl, 1:5 mit HPLC-Wasser versetzt
Primer BRCA1 Ex1M für Hypermethylierung, 50 pmol/ µl	Invitek, Berlin; Einsatz in einer Konzentration von 10 pmol/ µl, 1:5 mit HPLC-Wasser versetzt
Proteinase K	Invitek, Berlin
QIAquick PCR Purification Kit	Qiagen GmbH, Hilden(Lösungen PB und PE)
QIAamp DNA mini Kit and QIAamp DNA Blood mini Kit	Qiagen, GmbH, Hilden (darin enthalten: Puffer AL, AW2 und AE)
S-adenosylmethionin	New England Biolabs, Beverly (USA); wird mit CpG-Methylase mitgeliefert
Taq-DNA-Polymerase, 5 U/ µl	Applied Biosystems, Warrington (UK)
TBE	10xTBE: 108 g Tris (Serva Elektrophoresis GmbH, Heidelberg) + 55 g Borsäure (Calbiochem, San Diego (USA)) + 40 ml 0,5 M EDTA (Amresco®, Ohio (USA)) auf 1000 ml mit aqua dest. auffüllen; 1xTBE: 100 ml 10xTBE auf 1000 ml mit aqua dest. auffüllen
TE	10xTE: 1,21 g Tris (Serva Elektrophoresis GmbH, Heidelberg) + 372 g EDTA (Amresco®, Ohio (USA)) in 80 ml aqua dest. lösen, pH 7,5 einstellen und auf 100 ml mit aqua dest. auffüllen; 1xTE: 1 ml 10xTE mit aqua dest. auf 10 ml auffüllen
TEMED	Amresco®, Ohio (USA)
Template 548/02, 411 µg/ ml	Patientinnen-DNA. Etwa 30-50 ng in PCR eingesetzt; dazu 1:40-Verdünnung in HPLC-Wasser für 10 ng DNA/µl.
Template G	BRCA1, Exon 11l
Template L	BRCA1, Exon 11g
Xylol, 100%, 95%, 75%	Keine Angabe

2.4. Übersicht über genutzte Geräte

Tabelle 2.4.1: Verwendete Geräte; mit Produktbezeichnung und Herstellerangaben.

Bezeichnung	**Hersteller, Ort**
BioPhotometer	Eppendorf, Hamburg
DNA Sequenzer Abi Prism™ 377	Applied Biosystems, Warrington (UK)
Einmal-Wägschalen	Rotilab, München
Elektrophoresekammer für Agarosegele Horizon® 11-14	 Life Technologies Inc., Gathersburg (USA)
Eppendorfgefäße DNA Soft Stripes 0,2 ml Multiply®-Pro Gefäß 0,2 ml Safe Lock Eppendorfgefäße 0,5 ml, 1,5 ml, 2,0 ml	 Biozym Diagnostik GmbH, Hessisch Oldendorf Rotilab, München Eppendorf, Hamburg
Faltenfilter	Schleicher und Schuell, Dassel
Feinwaagen PB303 PB602	 Mettler Toledo, Greifensee (Schweiz) Mettler Toledo, Greifensee (Schweiz)
Frischhaltefolie	Carl Roth GmbH, Karlsruhe
Fusselfreie Tücher KIMWIPES Lite200	 Kimberly-Clark, Neufahn
Glasplatten für Sequenzanalyse 36 lanes (42 cm lang, 25,3 cm breit) für ABI 377; mit 2 Spacern, Clips und Gelkämmen	Perkin Elmer, Darmstadt
Handschuhe N-DEX Nitril Gloves SAFESKIN Powder-Free Latex Gloves	 Carl Roth GmbH, Karlsruhe Kimberly-Clark, Neufahn
Heizrührer	Janke&Kunkel IKA®-Labortechnik, Staufen
Küvette UVette	 Eppendorf AG, Hamburg
Mikrotiterplatten	Greiner Labortechnik GmbH, Frickenhausen
Mikrowelle	

Micromat	AEG, Nürnberg
pH Meter PICCOLO Plus	 HANNA, Kehl am Rhein
PCR Cycler GeneAMP PCRSystem 2400 Mastercycler gradient PCR Sprint	 Applied Biosystems, Warrington (UK) Eppendorf, Hamburg ThermoLifeSciences, Egelsbach
Pipetten reference (10 µl) research (10 µl) 2 µl, 10 µl, 20 µl, 100 µl, 200 µl, 1000 µl 5 ml	 Eppendorf AG, Hamburg Eppendorf AG, Hamburg Abimed Analysentechnik, Langenfeld Labsystems, Helsinki (Finnland)
Pipettenspitzen 10 µl, 100 µl, 1000 µl, 1-5 ml	 Sarstedt, Nürnbrecht
RC58 Membranfilter 0,2µm	Schleicher und Schuell GmbH, Dassel
Reaktionsgefäße zur DNA-Isolierung Falcon 15 ml, 50 ml	 Greiner Labortechnik GmbH, Frickenhausen
Reinstwasseranlage Seralpur Pro90 CN	 Seral Reinstwasser- Systeme, Düsseldorf
Thermomixer 5436	Eppendorf, Hamburg
Tischzentrifugen mini Centrifuge Centrifuge 5415C	 National Labnet Co., Woodbridge (USA) Eppendorf, Hamburg
Transillu minator Bio Doc-II™ System	UVP, Upland (USA)
Vakuumfiltrierer	Perkin Elmer, Darmstadt
Vortexer	Janke&Kunkel IKA®-Labortechnik, Staufen
Zentrifugen Eppendorf Zentrifuge 5415C Vakuumzentrifuge Biofuge Primo	 Eppendorf, Hamburg Uniequip, Martinsried Heraeus Instruments, Kendro Laboratory Products GmbH, Langenselbold

3. Ergebnisse

3.1. Tumormaterial der Patientinnen

Von den angefragten sechzehn Proben konnten neun untersucht werden. Für die verbleibenden sieben Patientinnen (107/99, 183/99, 249/02, 304/99, 635/99, 686/01, 831/00) stand kein Tumormaterial für die Untersuchung zur Verfügung.

3.2. DNA-Isolierung, PCR und Gelelektrophorese

Während der Untersuchungen wurden verschiedene Methoden zur Isolierung von DNA getestet. Davon stellten sich die Phenolreinigung, die Isolierungen mittels Invisorb Kit (Invisorb® Spin Cell Mini Kit for DNA extractions from cell culture, swabs, sera and plasma) und Qiagen Kit (QIAamp DNA Mini Kit and QIAamp DNA Blood Mini Kit) als unzureichend für mit Formalin fixierte und in Paraffin eingebettete Gewebeproben heraus. Es konnten mit Hilfe der photometrischen Konzentrationsbestimmung bei den drei genannten Methoden lediglich Konzentrationen von 0 bis 30 µg/ ml erreicht werden. Die gelelektrophoretische Auftrennung der PCR-Produkte von den Patientinnen zeigte keine Bande bei 381 bp (bei 705/00; bzw. 329 bp bei Patientin 27/99). Auch die Veränderungen der PCR-Bedingungen (Erhöhung der Annealingzeit auf 45 oder 60 s, Erhöhung des Einsatzes an DNA auf 5 oder 10 µl und eine Veränderung der Primer-Konzentrationen (0,3 oder 0,5 µl je Vorwärts- und Rückwärtsprimer) führte zu keinem Nachweis der Fragmentgrößen 381 und 329 bp (Abb. 8). Auf die Abbildung der Ergebnisse der Phenolreinigung wurde verzichtet.

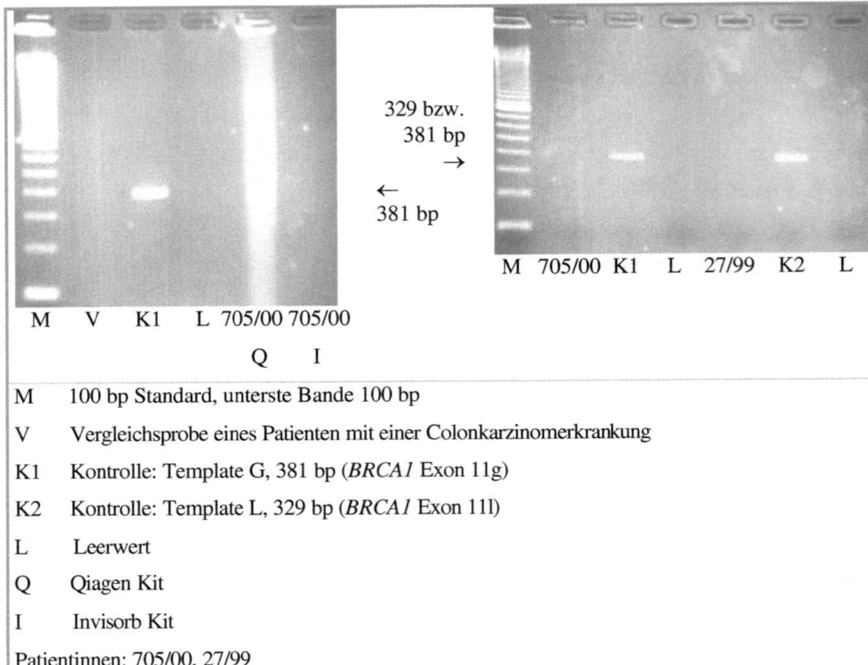

M 100 bp Standard, unterste Bande 100 bp

V Vergleichsprobe eines Patienten mit einer Colonkarzinomerkrankung

K1 Kontrolle: Template G, 381 bp (*BRCA1* Exon 11g)

K2 Kontrolle: Template L, 329 bp (*BRCA1* Exon 11l)

L Leerwert

Q Qiagen Kit

I Invisorb Kit

Patientinnen: 705/00, 27/99

Abb. 8: Gelelektrophoretische Auftrennung der PCR-Produkte von mit Invisorb und Qiagen Kit isolierter DNA; 2%iges Agarose-Gel. Links: Standardbedingungen (unter Material und Methoden beschrieben, Annealingzeit 30 s), DNA-Isolierung mittels Qiagen und Invisorb Kit. Rechts: zu Standardbedingungen abweichende Annealingzeit (45 s), DNA-Isolierung mittels Qiagen Kit.

Mit der Chelex-Spurenisolierung gelang die Isolierung von DNA bei sechs (27/99, 147/02, 399/02, 426/00, 705/00, 801/00) von neun Patientinnen. Dazu war eine Inkubation bei 60 °C für drei Tage erforderlich. 20 min und 3 h Inkubation reichten nicht aus. Vier der sechs Proben konnten gelelektrophoretisch aufgetrennt werden. Einige Ergebnisse sind in Abb. 4.2.2 dargestellt: Bei den Patientinnen 399/02 (Bande: 479 bp, *BRCA2* Exon 11k) und 147/02 (Bande: 564 bp, *BRCA2* Exon 10.3) konnte der Erfolg der DNA-Isolierung und der Amplifizierung in einer Gelelektrophorese nachgewiesen werden. Für Patientin 426/00 (Bande: 380 bp, *BRCA1* Exon 20) war ebenfalls eine Bande im Gel (aufgrund geringerer Intensität nicht in Abb. 9) ersichtlich. Für die Proben 705/99 und 801/00 wurden erst bei der Sequenzierung die amplifizierten Fragmente nachgewiesen. Bei den Proben 201/01, 507/02 und 516/98 war weder gelelektrophoretisch, noch mittels direkter Sequenzierung ein Nachweis eines amplifizierten Fragmentes möglich.

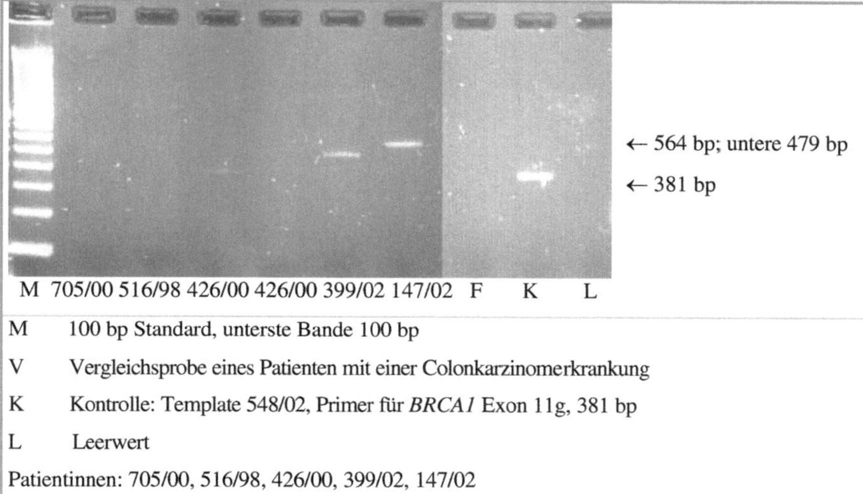

M 100 bp Standard, unterste Bande 100 bp

V Vergleichsprobe eines Patienten mit einer Colonkarzinomerkrankung

K Kontrolle: Template 548/02, Primer für *BRCA1* Exon 11g, 381 bp

L Leerwert

Patientinnen: 705/00, 516/98, 426/00, 399/02, 147/02

Abb. 9: Gelelektrophoretische Auftrennung der PCR-Produkte als Kontrolle der Effektivität der DNA-Isolierung mittels Chelex-Spurenisolierung und anschließenden PCR; 2%iges Agarose-Gel.

3.3. Reinigung genomischer DNA und photometrische Konzentrationsbestimmung

Nach einer sich an die DNA-Isolierung anschließenden Reinigung der DNA konnte keine DNA mittels Gelelektrophorese nachgewiesen oder in einer PCR amplifiziert werden. Deshalb wurden im weiteren Verlauf der Arbeit alle Schritte weggelassen, die die DNA-Konzentration und -Qualität verminderten. Die DNA wurde ungereinigt nach der Chelex-Spurenisolierung weiterverwendet.

Während der Etablierung der DNA-Isolierungsmethoden wurden alle Proben photometrisch untersucht. Dabei zeigten sich bei Einzelproben große Differenzen bei der Konzentrationsbestimmung. Gutes Resuspendieren brachte keine größere Kontinuität. Für Patientin 27/99 bewegte sich die gemessene Konzentration beispielsweise zwischen 20,1 µg/ ml (OD 260 nm : OD 280 nm = 1,3) und 249,7 µg/ ml (OD 260 nm : OD 280 nm = 1,0) bei mehrmaliger Konzentrationsbestimmung derselben Probe (Isolierung über Invisorb Kit). In einer nachfolgenden PCR konnte kein Produkt amplifiziert und in einer Gelelektrophorese nachgewiesen werden (Abb. 8). Im weiteren Versuchsverlauf wurde die Chelex-

Spurenisolierung angewendet und die Proben ungereinigt in einer PCR eingesetzt. Durch damit verbundene Verunreinigungen wurde auf eine photometrische Bestimmung der DNA-Konzentration vor der PCR verzichtet (kein Aussagewert).

3.4. Mutationsprofil des Tumorgewebes

Im Gegensatz zur Gelelektrophorese erwies sich die Sequenzierung als Möglichkeit, auch geringe Mengen vorhandener DNA darstellen zu können. Das galt nur bei vorheriger Isolierung der DNA mittels Chelex-Spurenisolierung. Für sechs der untersuchten neun Patientinnen war die Sequenzierung erfolgreich. In allen sechs Fällen konnte die im Normalgewebe festgestellte krankheitsverursachende Keimbahnmutation in den Genen *BRCA1* oder *BRCA2* auch im Tumor nachgewiesen werden (Tabelle 3.4.1). Bei den übrigen drei Patientinnen gelang die Sequenzierung des Loci, mit der im Normalgewebe nachgewiesenen Keimbahnmutation, im Tumorgewebe nicht.

Tabelle 3.4.1: Mittels Sequenzierung im Tumorgewebe nachgewiesene krankheitsrelevante Keimbahnmutation in den Genen *BRCA1* und *BRCA2* von sechs Patientinnen mit dazugehörigem Exon und Klassifikation der Mutation; Abkürzungen: Labor-ID = Identifikationsnummer am Institut für Humangenetik der Universität Leipzig; NT = Nukleotid; AS = Aminosäure; M = Mutation; NS = nonsense; FS = frameshift.

	Nachgewiesene Mutationen				
Labor-ID	**Gen**	**Exon**	**NT-Wechsel**	**AS-Wechsel**	**Klassifikation**
27/99	*BRCA1*	11(l)	3819delGTAAA	Stopp 1242	M FS
147/02	*BRCA2*	10(.3)	2041insA	Stopp 615	M FS
399/02	*BRCA2*	11(k)	5910C>G	Y1894X	M NS
426/00	*BRCA1*	20	5382insC	Stopp 1829	M FS
705/00	*BRCA1*	11(g)	2530delAG	Stopp 808	M FS
801/00	*BRCA1*	11(a)	962del4	Stopp 297	M FS

In den sequenzierten Bereichen der Exons, in denen auch die krankheitsrelevante Mutation lokalisiert war, befanden sich bei zwei Patientinnen zusätzliche Polymorphismen. Für 147/02 konnte auch im Tumorgewebe der im Normalgewebe nachgewiesene Polymorphismus IVS10+12delT (*BRCA2*, IVS (intervening sequence) 10) gefunden werden. Bei 705/00 war der Polymorphismus 2731C>T (*BRCA1*, Exon 11g) im Normalgewebe, jedoch nicht im Tumorgewebe vorhanden.

In weiteren untersuchten DNA-Bereichen von zwei Patientinnen konnten Polymorphismen, die im Normalgewebe heterozygot vorhanden waren, im Tumorgewebe nicht mehr nachgewiesen werden: Bei 399/02 gingen mit dem Allelverlust im Tumor die Polymorphismen IVS1-26G>A (*BRCA2*, IVS 1) und 7470A>G (*BRCA2*, Exon 14) verloren. Patientin 705/00 wies den Polymorphismus IVS8-58delT (*BRCA1*, IVS 8) im Tumorgewebe nicht mehr auf.

3.5. Loss of heterozygosity als second hit

Mittels Sequenzierung konnte bei drei der sechs Patientinnen (50%) Loss of heterozygosity nachgewiesen werden. Die übrigen drei Patientinnen zeigten keinen LOH.

Tabelle 3.5.1: LOH-Befund im Bereich der krankheitsrelevanten Keimbahnmutation in den Genen *BRCA1* und *BRCA2* im Tumorgewebe von sechs Patientinnen mit dem dazugehörigem Exon; Labor-ID = Identifikationsnummer am Institut für Humangenetik der Universität Leipzig; LOH = Loss of heterozygosity; + = LOH nachgewiesen; - = kein LOH.

Labor-ID	Gen	Exon	LOH-Befund
27/99	*BRCA1*	11	+
147/02	*BRCA2*	10	-
399/02	*BRCA2*	11	+
426/00	*BRCA1*	20	-
705/00	*BRCA1*	11	+
801/00	*BRCA1*	11	-

In Abbildung 10 ist das Beispiel eines LOHs dargestellt. In der DNA aus Normalgewebe (Blut) sind bei Patientin 399/02 an der Position 5910 bp Peaks sowohl für Cytosin (Wildtyp), als auch für Guanin (Mutation) ersichtlich. Im Tumorgewebe ist nur noch ein Peak für Guanin vorhanden, das zweite Allel ist verloren gegangen (Abb. 10).

Abb. 10: Loss of heterozygosity bei Patientin 399/02 im Bereich der Keimbahnmutation 5910C>G im Gen *BRCA2* (Exon 11); Links : heterozygotes Normalgewebe, Rechts : hemizygoter Zustand des Tumorgewebes.

Frameshift-Mutationen führen zu einer Verschiebung des Leserasters. Im heterozygoten Zustand ist in einer Sequenzierung nach einer Deletion oder Insertion eine Verschiebung zwischen Wildtyp- und Mutantallel vorhanden. Dies ist bspw. bei Patient 147/02 nachzuweisen (Abb. 11). Bei vorliegendem LOH ist nur die Sequenz des Mutantallels vorhanden.

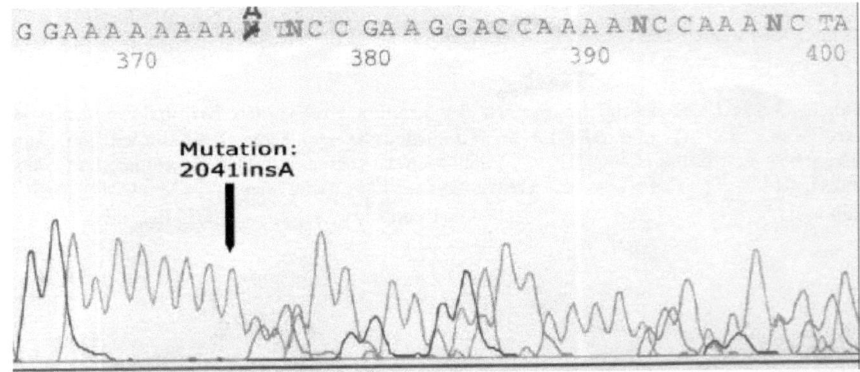

Abb. 11: Sequenzverschiebung mit Überlagerung von Wildtyp- und Mutant-Allel nach einer Mutation mit Insertion eines Adenins; Tumorgewebe von Patient 147/02; Mutation 2041insA, *BRCA2* Exon 10.

Um den LOH-Befund für die Patientinnen zu belegen, schloss sich eine Sequenzierung weiterer Bereiche des betroffenen Gens an, für die im Normalgewebe Heterozygotie für häufige Polymorphismen nachgewiesen wurde. Eine Komplettsequenzierung wurde nicht durchgeführt.

Tabelle 3.5.2: Polymorphismen und Loss of heterozygosity in weiteren Bereichen des vom LOH im Bereich der krankheitsrelevanten Keimbahnmutation betroffenen Gens im Tumorgewebe; Labor-ID = Identifikationsnummer am Institut für Humangenetik der Universität Leipzig; Exon = amplifiziertes Exon, in Klammern Spezifizierung verwendeter Primer; IVS = intervening sequence; NT = Nukleotid; AS = Aminosäure; / = kein AS-Wechsel; LOH = Loss of heterozygosity; + = LOH nachgewiesen; - = kein LOH.

Labor-ID	Gen	Exon/Intron	NT-Wechsel	AS-Wechsel	LOH
399/02	*BRCA2*	IVS 1	IVS1-26G > A	/	+
	BRCA2	14(.2)	7470A > G	S2414S	+
705/00	*BRCA1*	IVS 8	IVS8-58delT	/	+
147/02	*BRCA2*	IVS 9	IVS9+64delT	/	-
426/00	*BRCA1*	IVS 8	IVS8-58delT	/	-

Bei den Patientinnen 399/02 und 705/00 konnte ein LOH auch in weiteren Bereichen der Gene *BRCA1* bzw. *BRCA2* nachgewiesen werden. 147/02 und 426/00 zeigen auch im Intronbereich (IVS, intervening sequence)[16] nach *BRCA2* Exon 9 bzw. *BRCA1* Exon 8 keinen LOH. Da keine weiteren Polymorphismen in *BRCA1* im Normalgewebe vorhanden waren, konnte bei den Patientinnen 27/99 und 801/00 der LOH-Befund im Bereich der krankheitsrelevanten Mutation nicht für weitere Genbereiche untersucht werden.

Die Sequenzierung war bei einigen Patientinnen partiell nicht möglich. So gelang bspw. die Sequenzierung von *BRCA1* Exon 16 bei den Patientinnen 426/00 und 705/00 (Polymorphismus 4956A>G bei beiden) und von *BRCA2* Exon 14 bei 147/02 (Polymorphismus 7470A>G) trotz mehrfacher Versuche nicht.

3.6. Hypermethylierung als second hit

Bei Einsatz der methylierungsspezifischen Primer ist bei *BRCA1* ein PCR-Produkt von 182 bp zu erwarten. Die Primer, die spezifisch für nicht methylierte DNA-Bereiche sind, wurden als Kontrolle aufgetragen und sollten kein Amplicon erbringen [Baldwin et al, 2000].

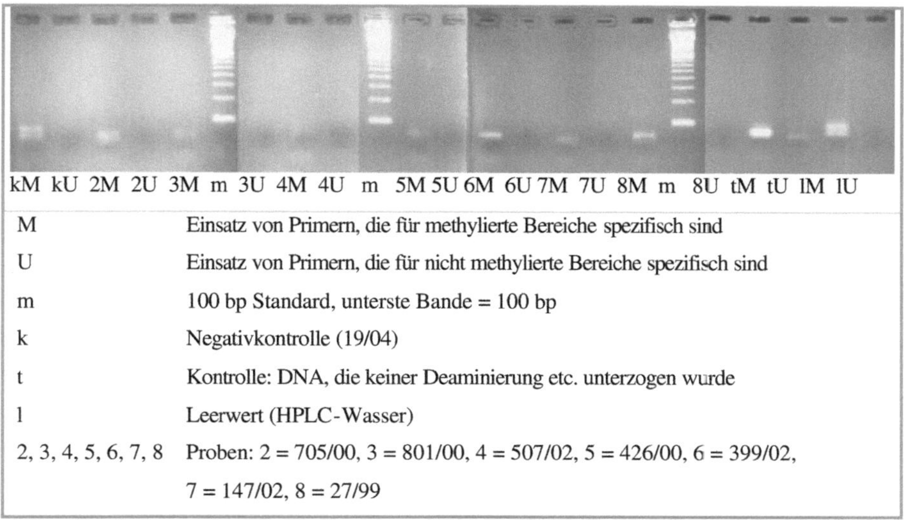

M	Einsatz von Primern, die für methylierte Bereiche spezifisch sind
U	Einsatz von Primern, die für nicht methylierte Bereiche spezifisch sind
m	100 bp Standard, unterste Bande = 100 bp
k	Negativkontrolle (19/04)
t	Kontrolle: DNA, die keiner Deaminierung etc. unterzogen wurde
l	Leerwert (HPLC-Wasser)
2, 3, 4, 5, 6, 7, 8	Proben: 2 = 705/00, 3 = 801/00, 4 = 507/02, 5 = 426/00, 6 = 399/02, 7 = 147/02, 8 = 27/99

Abb. 12: Auftrag einer methylierungsspezifischen PCR für die Promotorregion des Gens *BRCA1* von sieben Patientinnen auf ein NuSieve® 3:1 agarose-Gel.

[16] Introns bezeichnen den nicht-codierenden DNA-Bereich zwischen Exons.

Die Hypermethylierung der Promotorregion von *BRCA1* wurde bei Patientinnen mit Keimbahnmutationen in den Genen *BRCA1* und *BRCA2* untersucht, um auch mögliche Beziehungen zwischen Keimbahnmutationen im Gen *BRCA2* und der Expression von *BRCA1* darstellen zu können. Wie aus Abbildung 12 hervorgeht, waren bei Einsatz spezifischer Primer für eine methylierte Promotorregion von *BRCA1* für alle Proben nur Primerbanden kleiner 100 bp ersichtlich, eine Bande bei 182 bp erschien nicht. Bei der Nutzung von Primern für die unmethylierte Promotorregion konnte erwartungsgemäß kein PCR-Produkt nachgewiesen werden. Wie später bei der Sequenzierung festgestellt, gelang für Patientin 507/02 keine DNA-Isolierung und Amplifiktion in einer anschließenden PCR. Ein Fragmentnachweis für diese Patientin war bei der Untersuchung der Hypermethylierung in den Genen *BRCA1* und *BRCA2* damit nicht zu erwarten.

Nach Überprüfung der in der Literatur angegebenen Annealingtemperatur der methylierungsspezifischen Primer für die Promotorregion von *BRCA1* wurden erneut PCRs und Gelelektrophoresen angesetzt. Zusätzlich wurde eine mit CpG-Methylase behandelte Positivkontrolle aufgetragen. Es wurde immer ein der Abbildung 13 entsprechendes Ergebnis erzielt (Abb. 13).

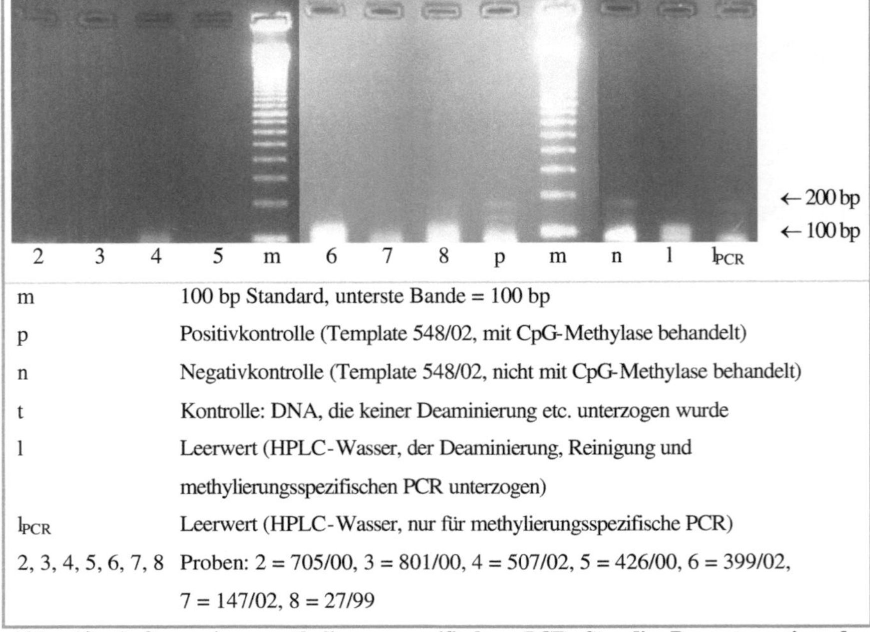

m	100 bp Standard, unterste Bande = 100 bp
p	Positivkontrolle (Template 548/02, mit CpG-Methylase behandelt)
n	Negativkontrolle (Template 548/02, nicht mit CpG-Methylase behandelt)
t	Kontrolle: DNA, die keiner Deaminierung etc. unterzogen wurde
l	Leerwert (HPLC-Wasser, der Deaminierung, Reinigung und methylierungsspezifischen PCR unterzogen)
l_{PCR}	Leerwert (HPLC-Wasser, nur für methylierungsspezifische PCR)
2, 3, 4, 5, 6, 7, 8	Proben: 2 = 705/00, 3 = 801/00, 4 = 507/02, 5 = 426/00, 6 = 399/02, 7 = 147/02, 8 = 27/99

Abb. 13: Auftrag einer methylierungsspezifischen PCR für die Promotorregion des Gens *BRCA1* von sieben Patientinnen auf ein NuSieve® 3:1 agarose-Gel.

Bei den Proben 2, 4, 6, 7 und 8, bei der Positivkontrolle, bei der Negativkontrolle und bei den Leerwerten werden nur unspezifische Primerbanden sichtbar.

Für *BRCA2* ist bei Methylierung der Promoterregion in einer PCR mit methylierungsspezifischen Primern ein Amplicon von 345 bp Länge zu erwarten [Chan et al, 2002]. Parallel wurde eine mittels CpG-Methylase methylierte Positivkontrolle aufgetragen.

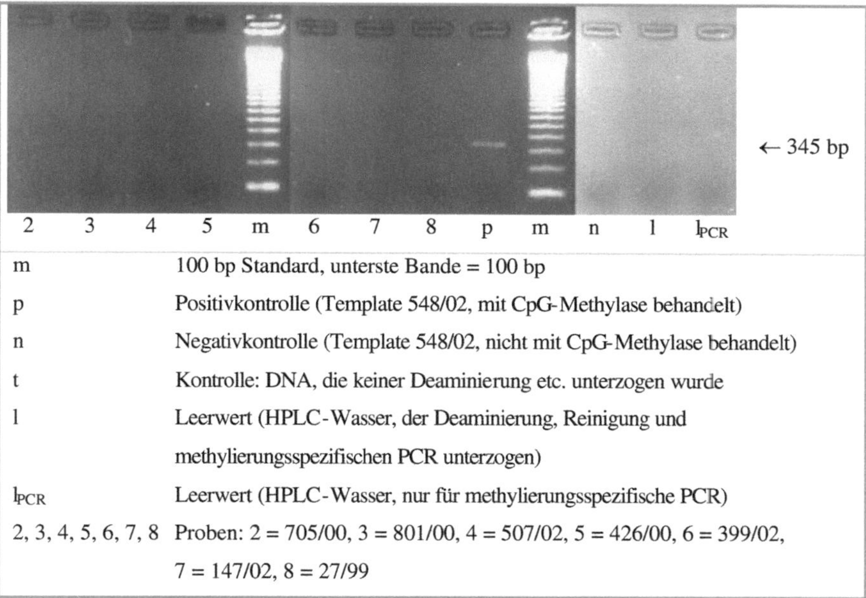

m	100 bp Standard, unterste Bande = 100 bp
p	Positivkontrolle (Template 548/02, mit CpG-Methylase behandelt)
n	Negativkontrolle (Template 548/02, nicht mit CpG-Methylase behandelt)
t	Kontrolle: DNA, die keiner Deaminierung etc. unterzogen wurde
l	Leerwert (HPLC-Wasser, der Deaminierung, Reinigung und methylierungsspezifischen PCR unterzogen)
l_{PCR}	Leerwert (HPLC-Wasser, nur für methylierungsspezifische PCR)
2, 3, 4, 5, 6, 7, 8	Proben: 2 = 705/00, 3 = 801/00, 4 = 507/02, 5 = 426/00, 6 = 399/02, 7 = 147/02, 8 = 27/99

Abb. 14: Auftrag einer methylierungsspezifischen PCR für die Promotorregion des Gens *BRCA2* von sieben Patientinnen auf ein NuSieve® 3:1 agarose-Gel.

Wie in Abbildung 14 dargestellt, ist bei der Positivkontrolle eine Fragmentbande der Größe 345 bp nachweisbar. Bei den Proben, der Negativkontrolle und den Leerwerten ist keine Bande sichtbar (Abb. 14). Hypermethylierung ist bei den sieben untersuchten Patientinnenproben im Gen *BRCA2* nicht vorhanden.

4. Diskussion

4.1. Methodendiskussion

4.1.1. Tumormaterial der Patientinnen

Verzögerungen ergaben sich zwischen Anforderung und Erhalt des Tumormaterials bei den Pathologischen Instituten. In einigen Fällen trat ein Zeitverlust von mehr als zwölf Wochen auf. Die Proben 107/99, 183/99, 249/02, 304/99, 635/99, 686/01, 831/00 konnten nicht untersucht werden, da sie bei den angefragten Pathologischen Instituten nicht mehr vorrätig waren oder nicht zugesandt wurden. Eine entsprechende Vorlaufzeit ist bei nachfolgenden Untersuchungen einzukalkulieren.

4.1.2. Isolierung genomischer DNA

Die Isolierung genomischer DNA gestaltete sich schwierig. Die nach verschiedenen Verfahren und Herstellerangaben isolierten und gereinigten DNA-Proben enthielten Verunreinigungen und waren nicht amplifizierbar. Die DNA war entweder gar nicht nachweisbar oder bereits sehr weit degradiert. Von vier herangezogenen Methoden (Quiagen, Invisorb, Phenolreinigung, Chelex-Spurenisolierung) und einigen Abwandlungen erwies sich ausschließlich die Chelex-Spurenisolierung bei Inkubation mit hohen Konzentrationen Proteinase K über drei Tage bei 60 °C als erfolgreich. Sämtliche Reinigungsschritte wurden weggelassen, um einen damit verbundenen zusätzlichen Quantitäts- und Qualitätsverlust der DNA zu vermeiden. Als ursächlich für eine geringe DNA-Konzentration können die Bedingungen zur Einbettung von Gewebeproben in Paraffin angenommen werden. Hohe Formalinkonzentrationen und eine lange Fixierung mit Formalin führen zu DNA-Degradation und vermindern DNA-Konzentrationen merklich. Unvollständige Fixierung mit Formalin führt zur Degradierung der DNA durch Nukleasen [Tokuda et al, 1990; Legrand et al, 2002]. *Legrand (2002)* erreichte die höchsten DNA-Konzentrationen bei einer Inkubation der Proben in Formalin von 7 d (Chelex Spurenisolierung: 250 ng DNA/Objektträger[17] Nierengewebe). Nach einer Inkubation von 16d sinkt der Gehalt auf weniger als 10% ab [Legrand et al, 2002]. Die Fixierungsbedingungen der im Versuch verwendeten Proben waren nicht bekannt. Weiteren Einfluss auf die Ausbeute an DNA haben die Isolierungsbedingungen. Die DNA-Isolierung mit dem Qiagen Kit erreicht 30 bis 50% der DNA-Ausbeute der Chelex-Spurenisolierung. Die Phenolreinigung erwies sich hier als die schlechteste Möglichkeit zur

[17] Legrand verwendet die Einheit „microscopic slide“, die nicht genauer spezifiziert wird aber einen Vergleich der Methoden untereinander ermöglicht [Legrand et al, 2002].

Extraktion von DNA. Sie erreicht maximal 50 bis 60 ng DNA/Objektträger Gewebeprobe [Legrand et al, 2002]. Hohe Konzentrationen an Proteinase K, hohe Inkubationstemperaturen, ein basischer pH-Wert und eine Verlängerung des Lyseschrittes bei der Chelex-Spurenisolierung werden als die Ausbeute maximierend beschrieben [Shi et al. 2002; Legrand et al, 2002]. Bei einer weiteren Effektivierung der DNA-Isolierung sollte ein Hitzeschritt bei 100 bis 120°C vor dem Lyseschritt mit Proteinase K eingefügt und der pH-Wert der Proben auf pH = 9 eingestellt werden [Shi et al, 2002]. Ein Einfluss auf die DNA-Ausbeute besteht auch für Entparaffinierungstechniken und das Alter der Proben. Wie aus dieser Arbeit zu ersehen, werden mit Entparaffinierung über eine Xylolreihe akzeptable Erfolgsraten erreicht. Bei sechs von neun Proben (67%) konnte nach Xylol-Entparaffinierung und Chelex-Spurenisolierung DNA isoliert werden. *Coombs (1999)* beschreibt Erfolgsraten von 50 bis 60% bei unterschiedlichen Isolierungsmethoden. Mit zunehmendem Alter der Proben nimmt der Grad der Degradation der DNA zu [Coombs et al, 1999].

4.1.3. Reinigung genomischer DNA

Die Fällung genomischer DNA mit Natriumacetat und Reinigung über eine Ethanol-Reihe gestaltete sich vor dem Hintergrund geringer DNA-Konzentrationen und degradierter DNA problematisch. Anzunehmen sind weitere Verluste an DNA beim Abziehen und Zuführen des Ethanols, die einen Nachweis im Agarose-Gel und eine Amplifizierung des gewünschten DNA-Fragments in der PCR verhinderten.

4.1.4. Photometrische Konzentrationsbestimmung

Der photometrische Nachweis von DNA beruht auf unterschiedlichen Absorptionsmaxima einzelsträngiger und doppelsträngiger DNA im Vergleich zu RNA und Proteinen. Im Versuch wurde die optische Dichte für doppelsträngige DNA bestimmt. Ein Quotient der OD bei 260 nm zu 280 nm von 1,8 oder 2,0 (optimaler Wert für reine DNA) konnte in keinem Fall erreicht werden. Als ursächlich ist eine Verunreinigung mit Proteinen anzunehmen bzw. eine zu geringe DNA-Konzentration, die selbst bei geringen Rückständen an Proteinen bei gereinigten Proben nicht messbare Ergebnisse brachten. Auf eine geringe DNA-Konzentration lässt auch die hohe Schwankungsbreite gemessener Konzentrationen, trotz langer Inkubation und Lösung, schließen. Die photometrische Konzentrationsbestimmung erwies sich für isolierte DNA aus mit Formalin fixiertem und in Paraffin eingebettetem Tumorgewebe als unzuverlässig. Eine mögliche Amplifizierung und Sequenzierung konnte somit nicht vorhergesagt werden. Bei aus Blut isolierter DNA wird die Photometrie erfolgreich angewandt.

4.1.5. PCR

Bei sechs von neun Patientinnen konnte mittels PCR genomische DNA amplifiziert werden. Dazu wurden Standard-PCR-Bedingungen und erprobte Annealingtemperaturen verwendet. Nicht amplifzierbare DNA-Bereiche sind wiederum auf die Techniken zur DNA-Fixation und eine hohe Degradation der DNA zurückzuführen, die einzelne Bereiche des Genoms (und der untersuchten Gene) stärker als andere betreffen kann. Die Amplifizierbarkeit eines Fragmentes ist von dessen Größe abhängig. Kleine Fragmente mit bis zu 200 bp können mit einer höheren Wahrscheinlichkeit amplifiziert werden. Bei zunehmender Fragmentgröße nimmt die Wahrscheinlichkeit der Amplifizierbarkeit ab [Legrand et al, 2002]. Die standardmäßig verwendeten Primer für die Gene *BRCA1* und *BRCA2* amplifizieren in den meisten Fällen Fragmente zwischen 300 und 500 bp (siehe Tabellen 2.2.1 und 2.2.2). Das kann bei fortgeschrittener Degradation der DNA in Tumorgewebe zu groß sein. Vor diesem Hintergrund wird erklärbar, dass bei einigen Patientinnen die Amplifikation einzelner Exons möglich war, sich andere Exons der gleichen Patientinnen aber nicht amplifizieren ließen. Das nicht amplifizierbare Fragment von *BRCA1* Exon 16 bei den Patientinnen 426/00 und 705/00 hat eine Länge von 564 bp. Ebenfalls nicht amplifizierbar war *BRCA2* Exon 14 bei 147/02 mit 428 bp. Das heißt nicht, dass größere Fragmente generell nicht amplifiziert werden können. In gut erhaltenen DNA-Bereichen kann eine Amplifikation möglich sein. Das wird bei *BRCA2* Exon 10.3 bei Proband 147/02 (564 bp) und *BRCA2* Exon 11k bei 399/02 (479 bp) ersichtlich.

4.1.6. Gelelektrophorese

Die Gelelektrophorese ist eine für die Auftrennung von DNA-Proben häufig angewandte Methode. Für DNA-Fragmente werden Agarose-Gele eingesetzt. Ein 0,7%iges Agarose-Gel trennt Fragmente im Bereich von 5 bis 10 kb zuverlässig auf. 2%ige Agarose-Gele werden für 0,2 bis 1,0 kb große DNA Fragmente eingesetzt. Soll eine Auftrennung kleinerer Fragmente erfolgen, so werden Polyacrylamid-Gele genutzt. Um ein DNA-Fragment mittels Gelelektrophorese nachweisen zu können, muss es mit einer DNA-Menge von etwa 20 ng vorhanden sein. Das Sichtbarmachen erfolgt über eine Färbung mit Ethidiumbromid und anschließender Betrachtung unter UV-Licht im Transilluminator Bio Doc-II™ System. Dicht beieinander liegende Banden können durch den Einsatz von NuSieve® 3:1 agarose scharf nebeneinander abgebildet werden. Aufgrund nicht in ausreichender Menge isolierter DNA konnten nur in wenigen Fällen DNA-Fragmente mit Hilfe der Gelelektrophorese abgebildet werden. Eine Bande für die in gleicher Menge in einer PCR eingesetzte und auf das Gel aufgetragene Kontroll-DNA war in jedem Fall ersichtlich. Als sensitiver als die Gelelektrophorese erwies sich die Methode der direkten DNA-Sequenzierung, mit der auch im Agarosegel nicht sichtbare Amplifikate auswertbare Sequenzabbildungen erbrachten.

4.1.7. DNA-Sequenzierung

Die direkte DNA-Sequenzierung gilt als zuverlässigste Methode in der Mutationsanalyse. Mutationen können mit einer Sensitivität von über 98% nachgewiesen werden [Gross et al, 1999]. Zudem kann eine Charakterisierung der Mutation in Bezug auf ihre Art und Position erfolgen. Bei vorhandenen Polymorphismen oder Mutationen ist ein direkter Nachweis von Hemi- und Heterozygotie möglich. Eine weitgehende Automatisierung garantiert einen geringen Arbeitsaufwand bei hoher Sicherheit und Reproduzierbarkeit der Ergebnisse. Trotz weitgehender Automatisierung erfordert die Komplettsequenzierung eines ganzen Gens einen großen Zeit- und Kostenaufwand. Deshalb werden bei der Komplettsequenzierung großer Gene wie *BRCA1* und *BRCA2* Vorscreeningmethoden vorgeschaltet, um zu sequenzierende Bereiche einzuschränken. Da im Versuch schon eine Teil- oder Komplettsequenzierung der Gene *BRCA1* und *BRCA2* des Normalgewebes vorlag, konnte die Sequenzierung auf einzelne Bereiche der DNA aus Tumorgewebe beschränkt werden. Eine Sequenzierung gelang nicht in allen Fällen. Partiell nicht mögliche Sequenzierungen deuten auf teilweise degradierte DNA-Bereiche hin.

Bei der Sequenzierung von DNA aus Tumorgewebe ist eine vollständige Mikrodissektion von entscheidender Bedeutung, um Verunreinigungen mit Wildtypallelen des Normalgewebes auszuschließen, die irrtümlich ein negatives LOH-Ergebnis suggerieren können oder das Mutations- und Methylierungsmuster der Probe verändern. Die Qualität der Mikrodissektion kann an dieser Stelle nicht beurteilt und lediglich auf die Erfahrungen des Institutes für Pathologie der Universität Leipzig verwiesen werden.

Als Vorscreeningmethoden sind bei der *BRCA1/2*-Analyse der Protein truncation test (PTT, Nachweis von Frameshift- und Nonsensemutationen, Sensitivität 80% der bisher beschriebenen *BRCA1/2*-Mutationen), die Single strand conformation polymorphism - Analyse (SSCP, Sensitivität 60 bis 90%; unter optimalen Bedingungen für *BRCA1* 94%)

gebräuchlich [Gross et al, 1999; Hedenfalk et al, 2002]. Mit 98% als sehr sensitiv hat sich die „Denaturing high-performance liquid chromatography"-Analyse (DHPLC) etabliert. Sie erfolgt automatisch, das Gießen und Beladen herkömmlicher Gelsysteme entfällt und es wird eine hohe Trennleistung bei kurzer Analysezeit (15 min/ Probe) erzielt [Wagner et al, 1999; Gross et al, 1999]. Ein Rückschluss auf Art und Position der Mutation ist jedoch nicht möglich.

Nicht zu vernachlässigen ist bei der Einschätzung von Analysemethoden die Abhängigkeit von der Erfahrung des Anwenders. Erfahrene Anwender können bei vergleichbaren Methoden eine höhere Sensitivität als Unerfahrene erzielen. Darüber hinaus kann durch Optimierung der Analysebedingungen die Sensitivität der Methode für ein spezielles Gen erhöht werden.

4.1.8. Hypermethylierung

Die Methode der bisulfitvermittelten Deaminierung und anschließenden Reinigung konnte in dieser Arbeit mit Erfolg angewandt werden. Eine zuvor mit CpG-Methylase methylierte Normalkontrolle wurde zur Positivkontrolle und erbrachte in der methylierungsspezifischen PCR eine Bande der erwarteten Größe (345 bp, *BRCA2*). Für Patientinnenproben konnte keine Methylierung nachgewiesen werden.

Um für *BRCA2* dieses Ergebnis erzielen zu können, mussten zunächst die Bedingungen für die PCR spezifisch eingestellt werden. Als problematisch erwiesen sich die stark divergierenden Schmelztemperaturen der Vorwärts- (*BRCA2* Exon 1 M FOR, 63 °C) und Rückwärtsprimer (*BRCA2* Exon 1 M REV, 74 °C). Als Faustregel ergibt sich die anzuwendende Annealingtemperatur aus der Schmelztemperatur abzüglich 5 °C. Auch die $MgCl_2$-Konzentrationen sind primerspezifisch. Um die optimalen PCR-Bedingungen zu ermitteln, wurden Annealingtemperaturen von 58 bis 74 °C und $MgCl_2$-Konzentrationen von 1,5 mM bis 2,5 mM getestet. Die übrigen Bedingungen wurden standardisiert eingesetzt. Für die Einstellung der PCR-Bedingungen wurde die Positivkontrolle genutzt. Eine Annealingtemperatur von 59 °C und eine $MgCl_2$-Konzentration von 1,5 mM erbrachte das zu erwartende Amplicon von 345 bp Länge. Diese Bedingungen wurden für die Untersuchung der Patientinnenproben genutzt. Dabei ergab sich eine klare Bande von 345 bp bei der Positivkontrolle. Die Proben, Leerwerte und die Negativkontrolle wiesen keine 345 bp-Bande auf. Bei den untersuchten Patientinnen mit Keimbahnmutationen in den Genen *BRCA1* und *BRCA2* liegt demnach keine Hypermethylierung in der Promotorregion von *BRCA2* vor.

Für das *BRCA1*-Gen wurde ebenfalls eine Einstellung der PCR-Bedingungen vorgenommen. Eine hohe Differenz zwischen den Schmelztemperaturen der Vor- (*BRCA1* Exon 1 M FOR, 70 °C) und Rückwärtsprimer (*BRCA1* Exon 1 M REV, 80 °C) erschwerte dies. Bei einer Annealingtemperatur von 65 °C und einer $MgCl_2$-Konzentration von 1,5 mM konnte schließlich ein Produkt nachgewiesen werden. Bei anderen Bedingungen war keine Bande sichtbar. Diese Bedingungen wurden auf alle verwendeten Proben angewandt. Bei mehrfacher Durchführung ergab sich hierbei immer wieder das Bild eines ausgeprägten Bandenmusters (Primerbanden) bei den Patientinnenproben, sowie bei den Positiv- und Negativkontrollen und Leerwerten. Das Bandenmuster erstreckte sich von unter 100 bp bis zu 190 bp und zeigte (soweit ersichtlich) regelmäßige Abstände zwischen den einzelnen Banden. Die regelmäßige Anordnung der Banden, deren Lage und abnehmende Intensität bei größerwerdenden Fragmenten deutet auf eine Hybridbildung der Primer hin. Sie lagern sich zu mehreren zusammen und erzeugen so selbst Banden in regelmäßigen Abständen. Eine erfolgreiche PCR könnte möglicherweise durch eine Veränderung der übrigen Komponenten der PCR-Bedingungen (eingesetzte Mengen der Vorwärts- und Rückwärtsprimer und der taq-Polymerase) erreicht werden. Wahrscheinlicher ist allerdings, dass sich der Einsatz dieser Primer als ungeeignet erweist, da auch *Baldwin (2000)* ein nur sehr schwaches Bandenmuster beim Einsatz dieser Primer erzielen konnte [Baldwin et al, 2000]. Für den Fortgang der Untersuchungen ist die Verwendung von in anderen Arbeiten beschriebenen Primern zu empfehlen. Beispielsweise können die Primer 5' GTA ATT GGA AGA GTA GAG GTT AGA G und 5' AAA ACC CCA CAA CCT ATC CC eingesetzt werden, die den Bereich von –256 bis +66 um den Transkriptionsstartpunkt des Gens *BRCA1* amplifizieren [Chan et al, 2002].

4.2. Ergebnisdiskussion

4.2.1. Mutationsprofil im Tumorgewebe

Die Inaktivierung der Gene *BRCA1* oder *BRCA2* führt mit einer sehr hohen Wahrscheinlichkeit zu Brust- und Eierstockkrebs. Eine Keimbahnmutation auf einem Allel ist für einen vollständigen Verlust der Genfunktion nicht ausreichend. Das Wildtypallel kann diese Funktion im Organismus übernehmen. Für die Tumorentstehung sind daher Ereignisse notwendig, die zur Inaktivierung des jeweils zweiten Allels und damit zur komletten Inaktivierung der Gene *BRCA1* bzw. *BRCA2* führen. Unter 1.2 und 1.4. wurden diese Ereignisse, die als second hits bezeichnet werden, und deren Einfluss in der Karzinogenese erläutert.

Die im Normalgewebe (Blut) der Patientinnen beschriebenen, krankheitsrelevanten Keimbahnmutationen konnten auch im Tumorgewebe nachgewiesen werden. Sie stellen eine wesentliche Ursache in der Karzinogenese dar. Nicht krankheitsrelevante Polymorphismen, die im Normalgewebe vorhanden waren, konnten z.T. im Tumorgewebe nicht nachgewiesen werden. LOH ist hierfür eine wahrscheinliche Ursache.[18] Die Polymorphismen sind in dem Fall, dass sie im Tumorgewebe nicht mehr vorhanden sind, auf dem Wildtypallel lokalisiert. Befinden sich Polymorphismen auf dem, nach dem LOH, verbleibendem Allel, so sind sie auch im Tumorgewebe nachweisbar. In dieser Arbeit konnten beide Möglichkeiten beschrieben werden. 147/02 besaß sowohl im Normalgewebe als auch im Tumorgewebe den Polymorphismus IVS10+12delT (*BRCA2*, IVS 10). Bei Patientin 705/00 waren die im Normalgewebe nachgewiesenen Polymorphismen 2731C>T (*BRCA1*, Exon 11g) und IVS8-58delT (*BRCA1*, IVS 8) im Tumor nicht mehr vorhanden. Bei 399/02 gingen mit dem Allelverlust die Polymorphismen IVS1-26G>A (*BRCA2*, IVS 1) und 7470A>G (*BRCA2*, Exon 14) verloren. Das Tumorgewebe wurde nicht auf das Vorhandensein von Punktmutationen, Insertionen oder kleineren Deletionen untersucht, die im Normalgewebe nicht nachweisbar waren. Bei sporadischen Tumoren kann die Aufeinanderfolge mehrerer solcher Mutationen im Gen eine Rolle bei der Inaktivierung von Genen spielen. Für erblichen Brustkrebs mit Keimbahnmutation in den Genen *BRCA1* und *BRCA2* sind solche Ereignisse derzeit nicht belegt und wird anderen Ereignissen – wie LOHs und Faktoren der Transkriptions- und Translationskontrolle – eine größere Bedeutung beigemessen.

4.2.2. Loss of heterozygosity beim Mammakarzinom

Zu den häufigsten in Mammakarzinomzellen festgestellten Veränderungen gehören Deletionen, die dazu führen können, dass das Wildtypallel verloren geht. Dieser Vorgang wird als LOH bezeichnet, da die Zelle ihren heterozygoten Zustand verliert und in einen hemizygoten übergeht. Von LOH können große Regionen des Genoms, ganze Chromosomen oder Chromosomenarme betroffen sein. In Mammakarzinomzellen kann LOH als häufiges Ereignis (Wahrscheinlichkeiten größer als 30% bis zu 100%) beschrieben werden, von dem die meisten Chromosomen betroffen sein können, darunter auch die Genorte von *BRCA1* und *BRCA2*. Das gilt sowohl für Brustkrebserkrankungen bei vorhandenen Keimbahnmutationen in den Genen *BRCA1* und *BRCA2*, als auch bei sporadischem Brustkrebs [Tirkkonen et al, 1997 und 1999; McEvoy et al, 2002; Yang et al, 2002 (2); Johnson et al, 2002; Ramus et al, 2003]. Eine Korrelation zwischen einer hohen LOH-Frequenz und schwerwiegendem und

[18] Eine weitere Ursache kann wiederum in einer (partiellen) DNA-Degradation liegen, siehe 4.1.2..

aggressivem Verlauf einer Brustkrebs-Erkrankung wird derweil diskutiert [Hampl et al, 1999; Johnson et al, 2002].

Auch in dieser Arbeit konnte LOH als häufiges second hit Ereignis bei Brustkrebspatientinnen mit Keimbahnmutationen in den Genen *BRCA1* und *BRCA2* nachgewiesen werden. Dabei wurden die von der Keimbahnmutation betroffenen Gene untersucht. Von sechs Patientinnen wiesen drei einen LOH auf, zwei im Gen *BRCA1* (2 von 4 Patientinnen) und eine in *BRCA2* (1 von 2 Patientinnen). Bei dem einzigen männlichen Patienten (147/02) lag im Gen *BRCA2* kein LOH vor. In der Literatur wurde bei einer Keimbahnmutation im Gen *BRCA1* ein LOH auf dem Chromosom-Arm 17q in 41% der Fälle beschrieben [Ramus et al, 2003]. Bei einer Prädisposition im *BRCA2*–Gen konnte LOH auf dem Chromosom-Arm 13q in 73 bis 87% der Fälle nachgewiesen werden [Tirkkonen et al, 1997 und 1999; Ramus et al, 2003]. Bei männlichen Patienten mit Brustkrebs tritt, unabhängig vom Vorliegen einer Keimbahnmutation, in 20% der Fälle partiell ein LOH auf Chromosom 13 auf [Luqmani et al, 2002].

Um eine pathogene Keimbahnmutation zum Tragen kommen zu lassen, ist LOH offenbar ein häufiges Ereignis. Das Wildtypallel wird ausgeschaltet, das zunächst die Aufgaben des Gens im Organismus erfüllen konnte. Durch die zentrale Stellung der Gene *BRCA1* und *BRCA2* und ihrer Genprodukte in Reparaturprozessen, in der Zellzyklus- und Transkriptionskontrolle[19] kommt es mit hoher Wahrscheinlichkeit zur Tumorentstehung. In den vorliegenden Untersuchungen gibt es Anhaltspunkte für einen vollständigen Genverlust, da LOH für weitere Bereiche in den Genen *BRCA1* bzw. *BRCA2* nachgewiesen werden konnte (Tabelle 3.5.1 und 3.5.2). Es war allerdings nicht bei allen untersuchten Genbereichen eine Amplifizierung und Sequenzierung möglich, was in einer hohen Degradation der DNA begründet liegt. Nicht vorhandene weitere Polymorphismen verhinderten weitere LOH-Untersuchungen bei den Patientinnen 27/99 und 801/00, da mit den zur Verfügung stehenden Mitteln in diesen Fällen keine Unterscheidung eines hemi- und eines heterozygoten Zustands möglich war. In der Literatur wird häufig auch die Möglichkeit eines partiellen Genverlustes beschrieben [Hampl et al, 1999; Johnson et al, 2002]. Dieser stellt bei der ausgewählten Patientinnengruppe ebenfalls eine Möglichkeit zur Inaktivierung der Gene *BRCA1* bzw. *BRCA2* dar, da nicht alle Bereiche des jeweils betroffenen Gens untersucht wurden.

---

[19] Siehe hierzu 1.3.1. und 1.3.2. dieser Arbeit.

4.2.3. Hypermethylierung

Die Hypermethylierung von Promotoren wird in normalen Zellen für eine gewebsspezifische Regulation der Gen-Expression genutzt. Methylierung erfolgt häufig am 5' Cytosin innerhalb von 5'-CpG-3' Dinukleotiden, die sich über lange Genomabschnitte (einige Kilobasen) wiederholen und so genannte CpG-Islands bilden. In häufig transkribierten Genen sind CpG-Islands meist unmethyliert. Die Methylierung initiiert eine Änderung der Chromatinstruktur, so dass Komponenten, die für die Transkription benötigt werden, nicht an die DNA binden können und die Transkription gehemmt wird. Der proximale *BRCA1*-Promotor liegt innerhalb eines CpG-Islands.

In dieser Arbeit konnte Hypermethylierung nicht als second hit- Ereignis bei erblichem Brustkrebs im **Gen *BRCA2*** festgestellt werden. Andere Untersuchungen sind rar. *Chan (2002)* beschreibt für *BRCA2* das Gegenteil der Hypermethylierung, die Hypomethylierung (Verminderung der Methylierung), als häufiges Ereignis bei Patientinnen mit sporadischem Eierstockkrebs. Mit der Hypomethylierung geht eine Erhöhung der Expression von BRCA2 einher [Chan et al, 2002]. Der Hypermethylierung kommt demnach vermutlich keine oder lediglich eine geringe Relevanz bei der Inaktivierung von *BRCA2* in erblichem Brustkrebs zu. Weitere Untersuchungen mit einer größeren Stichprobe sind für eine Diskussion des Einflusses des Methylierungsstatus als second hit bei erblichem Ovarial- und Mammakarzinom mit einer Prädisposition im *BRCA2*-Gen erforderlich. Auch die Patientinnen mit einer Keimbahnmutation im *BRCA1*-Gen zeigen in dieser Arbeit keine Hypermethylierung im *BRCA2*-Lokus.

Für ***BRCA1*** konnte in Bezug auf Hypermethylierung in dieser Arbeit kein Ergebnis erzielt werden. Es sind lediglich Primerbanden nachweisbar. Damit ist eine Aussage über den Methylierungsstatus der Promotorregion von *BRCA1* der untersuchten Proben nicht möglich. In der Literatur wird Hypermethylierung von *BRCA1* sowohl für erblichen als auch für sporadischen Brustkrebs beschrieben [Esteller et al, 2001]. Bei sporadischen Mamma- und Ovarialkarzinomen wurde Hypermethylierung der Promotorregion von *BRCA1* in 13 bis 31% der untersuchten Proben nachgewiesen. Damit verbunden ist ein Verlust oder zumindest eine drastische Verminderung der Transkription [Bianco et al, 2000; Baldwin et al, 2000; Esteller et al, 2000; Niwa et al, 2000; Miyamoto et al, 2002]. *Esteller (2001)* wies Hypermethylierung bei einer von zwei Proben mit erblichen *BRCA1*-Mutationen nach. Beide Tumorproben weisen keinen LOH im *BRCA1*-Gen auf. 21 Tumorproben mit nachgewiesenem LOH zeigten dagegen keine Hypermethylierung [Esteller et al, 2001]. *Yoshikawa (1999)* zeigte bei 15 von 19 Patientinnen mit einer Keimbahnmutation im Gen *BRCA1* eine Reduktion der Proteinexpression von BRCA1 bis hin zu einem vollkommenem Verlust der Expression [Yoshikawa et al, 1999]. Diese Ergebnisse geben erste Hinweise auf eine wichtige Rolle der Hypermethylierung bei der Inaktivierung von *BRCA1*.

Hypermethylierung konnte auch für die Gene *p16* (*cyclin-dependent kinase inhibitor*, lokalisiert auf Chromosom 9p21), *CDH1*, *RARβ* (*retinoic acid receptor beta*, 3p24) und *GSTP1* (*glutathione S-transferase pi*, 11q13) bei Patientinnen mit erblichem Brustkrebs gezeigt werden [Esteller et al, 2001]. Eine Beeinflussung des Gen-Expressionsmusters konnte bei Patientinnen mit Keimbahnmutationen in den Genen *BRCA1* und *BRCA2* in mehr als 100 Genen nachgewiesen werden [Jazaeri et al, 2002]. Entsprechend sollten weitere Anstrengungen auf die Untersuchung des Einflusses von Veränderungen der Transkriptions- und Translationskontrolle bei der Krebsentstehung verwandt werden, da ihnen vermutlich eine wichtige Rolle in der Karzinogenese des Mamma- und des Ovarialkarzinoms zukommt.

4.2.4. Weitere Ereignisse, die zum vollständigen Verlust der Expression führen könn(t)en

Weitere Ereignisse, die zur (nahezu) vollständigen Inaktivierung der Gene *BRCA1* oder *BRCA2* (bzw. deren Genprodukten) führen, können Mutationen (Punktmutationen, Insertionen, kleinere Deletionen) im Gen sein oder Faktoren der Transkriptions- und Translationskontrolle betreffen. Entsprechende Ansatzpunkte sind die Bindung von Regulatoren der Transkription an die „Positiv Regulierende Region", 5' vom Promotor gelegen [Thakur et al, 2003]. Mutationen in der „Positiv Regulierenden Region" oder in bindenden Transkriptionsfaktoren können in der Lage sein, die Expression von *BRCA1* oder *BRCA2* zu vermindern. Punktmutationen, Insertionen und kleinere Deletionen im codierenden Genbereich der Gene *BRCA1* und *BRCA2* sind als second hit in erblichem Brustkrebs derzeit nicht belegt.

4.2.5. Ansatzpunkte für weitergehende Untersuchungen

Wesentlicher Bestandteil dieser Arbeit war die Etablierung von Methoden, die in fortwährenden Untersuchungen auf eine größere Patientinnengruppe angewendet werden können. Diese werden auf den folgenden Seiten diskutiert. Als interessant erweist sich für folgende Forschungen die Untersuchung von LOH-Ereignissen und von Änderungen des Methylierungsstatus in den Genen *BRCA1*, *BRCA2* und in weiteren Genen bei vorliegender Keimbahnmutation in den Genen *BRCA1* und *BRCA2* von Brustkrebspatientinnen. Dabei können neben *BRCA1* und *BRCA2* die Gene der in Abbildung 3 dargestellten und unter 2.3. beschriebenen Genprodukte betrachtet werden.

Bisher wird bei der Suche nach brustkrebsrelevanten Faktoren auf Patientinnen zurückgegriffen, die an Brustkrebs erkrankt sind, bei denen durch Mammographie oder Selbstuntersuchung die Möglichkeit einer Erkrankung festgestellt wird oder die aus der Familiengeschichte abgeleitete vermutete Prädispositionen besitzen. In dieser Arbeit wurde ein entsprechender Ausschnitt bei vorliegender Keimbahnmutation in den Genen *BRCA1* und *BRCA2* untersucht. Damit werden Ergebnisse erzielt, die Einflüsse bei der Entwicklung von sporadischem und erblichem Brustkrebs charakterisieren und Rückschlüsse auf den Erkrankungsverlauf zulassen. Erkenntnisse über die Verbreitung von LOH, Methylierungs-varianzen und vorliegende Mutationen in gesunden Individuen, die keine Hinweise auf Brustkrebs zeigen, werden nicht erhalten. Welche Bedingungen liegen beispielsweise bei Menschen vor, die eine sporadische Mutation oder eine Keimbahnmutation in den Genen *BRCA1* und *BRCA2* tragen, aber erst spät oder gar nicht an Brustkrebs erkranken? Eine anonymisierte Erhebung mit einer Vielzahl Probandinnen, die keine Hinweise auf eine Erkrankung zeigen, kann Impulse für weitere Untersuchungen geben. Dauerhafte klinische Studien mit einer intensiven Begleitung der Patientinnen (bei ihrer vorherigen Einwilligung) und eine verstärkte Kooperation zwischen bundesweiten und weltweiten Forschungsstandorten würden einen besseren Zugang zu Datenmaterial und eine Effektivierung der Forschungen ermöglichen.

Zusammenfassung

Brustkrebs stellt eine der häufigsten Todesursachen der Frau dar. Die Wahrscheinlichkeit einer Frau in ihrem Leben an Brustkrebs zu erkranken beträgt 10%. Bei vorliegender Keimbahnmutation ist die Wahrscheinlichkeit einer Mammakarzinomerkrankung deutlich erhöht (85% Erkrankungswahrscheinlichkeit bis zum 75. Lebensjahr bei einer Keimbahnmutation in den Genen *BRCA1* und *BRCA2*). 5 bis 20% der Brustkrebserkrankungen sind auf Keimbahnmutationen zurückzuführen. Der Anteil der Gene *BRCA1* und *BRCA2* an erblichen Brustkrebserkrankungen beträgt 40 bis 50%.

Eine heterozygote Keimbahnmutation ist für die Entstehung eines Mammakarzinoms nicht ausreichend. Die Funktion des Gens und seines Genproduktes kann vollständig durch das zweite, nicht mutierte Allel übernommen werden. Folglich sind weitere Veränderungen notwendig, die eine Inaktivierung des zweiten Allels und damit den vollständigen Funktionsverlust des Gens und des Genproduktes bewirken. Ein solches Ereignis wird als second hit bezeichnet. In der vorliegenden Arbeit wurden die Auswirkungen von Loss of heterozygosity (LOH) und Hypermethylierung als second hit bei neun Patientinnen mit Keimbahnmutationen in den Genen *BRCA1* und *BRCA2* untersucht. Die dazu notwendigen Methoden wurden am Institut für Humangenetik der Universität Leipzig etabliert.

In der vorliegenden Arbeit gelang die Etablierung und Diskussion von DNA-Isolierungstechniken aus mit Formalin fixierten und in Paraffin eingebetteten Proben. Ferner wurden Primer und Bedingungen für methylierungsspezifische PCRs getestet, die bei der Untersuchung einer größeren Stichprobe angewendet werden können.

Bei sechs der neun Patientinnen gelang die DNA-Isolierung und Amplifikation in einer nachfolgenden PCR. Ein LOH konnte mittels direkter Sequenzierung bei 50% der Trägerinnen einer Keimbahnmutation in den Genen *BRCA1* und *BRCA2* nachgewiesen werden (*BRCA1*: 2/4; *BRCA2*: 1/2). Hypermethylierung wurde mit Hilfe methylierungsspezifischer Primer nach Bisulfit-vermittelter Deaminierung der Proben untersucht. Als Positivkontrolle wurde eine mit CpG-Methylase behandelte Normalkontrolle genutzt. Der Nachweis von Hypermethylierung gelang nicht (*BRCA1*: unzureichende Analysebedingungen; *BRCA2*: 0/6). Dem LOH ist eine große Bedeutung bei der vollständigen Inaktivierung der Gene *BRCA1* und *BRCA2* nach vorhergehender Keimbahnmutation auf einem Allel zuzurechnen. Der Einfluss der Hypermethylierung ist dagegen umstritten. Weitere Anstrengungen sollten auf entsprechende Forschungen verwandt werden.

Abbildungsverzeichnis

Tabellenverzeichnis

Literaturverzeichnis

F. Aba-Kircin. Risikoberechnungsverfahren für die Entstehung eines Mammakarzinoms und das Vorliegen einer prädisponierenden *BRCA1/2*-Mutation. Dissertation. Heinrich-Heine-Universität Düsseldorf, 2001.

D.W. Abbott, M.E. Thompson, C. Robinson-Benion, G. Tomlison, R.A. Jensen, J.T. Holt. BRCA1 expression restores radiation resistance in BRCA1-defective cancer cells through enhancement of transcription-coupled repair. J Biol Chem 1999; 274: 18808-12.

R.T. Abraham. Cell cycle checkpoint signaling through the ATM and ATR kinases. Genes and Development 2001; 15(17): 2177-96.

C. Adem, C.L. Soderberg, J.M. Cunningham, C. Reynolds, T.J. Sebo, S.N. Thibodeau, L.C. Hartmann, R.B. Jenkins. Microsatellite instability in hereditary and sporadic breast cancers. Int J Cancer 2003; 107(4): 580-82.

M. Ahmadian, I.I. Wistuba, K.M. Fong, C. Behrens, D.R. Kodagoda, M.H. Saboorian, J. Shay, G.E. Tomlinson, J. Blum, J.D. Minna, A.F. Gazdar. Analysis of the *FHIT* gene and FRA3B region in sporadic breast cancer, preneoplastic lesions, and familial breast cancer probands. Cancer Res 1997; 57(17): 3664-68.

B. Alberts, D. Bray, J. Lewis, M. Raff, K. Roberts, J.D. Watson. Molekularbiologie der Zelle. Übersetzung herausgegeben von L. Jaenicke. 3.Auflage. VCH, 1995.

M.A. Arnold, M. Goggins. *BRCA2* and predisposition to pancreatic and other cancers. Expert reverses in molecular medicine 2001. http://www-ermm.cbcu.cam.ac.uk (Stand: 20.01.2004).

P. Athma, R. Rappaport, M. Swift. Molecular genotyping shows that ataxiatelangiectasia heterozygotes are predisposed to breast cancer. Cancer Genet Cytogenet 1996; 92:130-34.

R.L. Baldwin, E. Nemeth, H. Tran, H. Shvartsman, I. Cass, S. Narod, B.Y. Karlan. *BRCA1* Promoter Region Hypermethylation in Ovarian Carcinoma: A Population-based Study. Cancer Research 2000; 60: 5329-33.

M.W. Beckmann, D. Niederacher, T.O. Goecke, R. Bodden-Heidrich, H.-G. Schnürch, H.G. Bender. Hochrisikofamilien mit Mamma- und Ovarialkarzinomen. Deutsches Ärzteblatt 1997; 94(4): A 161-67.

V. Beral, C. Hermon, C. Kay, P. Hannaford, S. Darby, G. Reeves. Mortality associated with oral contraceptive use: 25-year follow-up of cohort of 46000 women from Royal College of General Practitioners oral contraception study. Br Med J 1999; 318: 96–100.

D. Bertwistle, A. Ashworth. The pathology of familial breast cancer: The pathology of familial breast cancer How do the functions of BRCA1 and BRCA2 relate to breast tumour pathology? Breast Cancer Res 1999; 1: 41-47.

G. Berx, F. Van Roy. The E-cadherin/catenin complex: an important gatekeeper in breast cancer tumorigenesis and malignant progression. Breast Cancer Res 2001; 3: 289-93.

B. Betz. Molekulare Untersuchung der Tumorsuppressorgene *BRCA*1 und *BRCA*2 bei familiären und sporadischen Mamma- und/oder Ovarialkarzinomen. Dissertation, Düsseldorf 2000. http://www.ulb.uni-duesseldorf.de/diss/mathnat/2001/betz.html (Stand: 05.02.2004).

T. Bianco, G. Chenevix-Trench, D.C.A. Walsh, J.E. Cooper, A.Dobrovic. Tumour-specific distribution of *BRCA1* promoter region methylation supports a pathogenetic role in breast and ovarian cancer. Carcinogenesis 2000; 21(2): 147-51.

S. I. Brandt-Rauf. Genetic testing and the Ashkenazi jewish woman: A Guide for the Informed Consumer, 2000.

A. Broeks, J.H. Urbanus, A.N. Floore, E.C. Dahler, J.G. Klijn, E.J. Rutgers, P. Devilee, N.S. Russell, F.E. van Leeuwen, L.J. van 't Veer. *ATM*-heterozygous germline mutations contribute to breast cancer-susceptibility. Am J Hum Genet. 2000; 66(2): 494-500.

Bundesärztekammer. Richtlinien zur genetischen Diagnostik der Disposition für Krebserkrankungen. Deutsches Ärzteblatt 1998; 95(22).

J.R. Cerhan, A.S. Parker, S.D. Putnam, B.C.-H.. Chiu, C.F. Lynch, M.B. Cohen, J.C. Torner, K.P. Cantor. Family History and Prostate Cancer Risk in a Population-Based Cohort of Iowa Men. Cancer Epidemiology, Biomarkers & Prevention 1999; 8: 53–60.

K.Y.K. Chan, H. Ozcelik, A.N.Y. Cheung, H.Y.S. Ngan, U.S. Khoo. Epigenetic Factors Controlling the *BRCA1* and *BRCA2* Genes in Sporadic Ovarian Cancer. Cancer Research 2002; 62: 4151-56.

J. Chen, D.P. Silver, D. Walpita, S.B. Cantor, A.F. Gazdar, G. Tomlinson, F.J. Couch, B.L. Weber, T. Ashley, D.M. Livingston, R. Scully. Stable interaction between the products of the *BRCA1* and *BRCA2* tumor suppressor genes in mitotic and meiotic cells. Mol Cell 1998; 2: 317-28.

S.T. Chen, S.Y. Yu, M. Tsai, K.T. Yeh, J.C. Wang, M.C. Kao, M.C. Shih, J.G. Chang. Mutation analysis of the putative tumor suppression gene *PTEN/MMAC1* in sporadic breast cancer. Breast Cancer Res Treat 1999; 55(1): 85-89.

Y. Chen, A.A. Farmer, C.F. Chen, D.C. Jones, P.L. Chen, W.H. Lee. BRCA1 is a 220-kDa nuclear phosphoprotein that is expressed and phosphorylated in a cell cycledependent manner. Cancer Res 1996; 56: 3168–72.

N. Collins, R. Wooster, M.R. Stratton. Absence of methylation of CpG dinucleotides within the promoter of the breast cancer susceptibility gene *BRCA2* in normal tissues and in breast and ovarian cancers. Br J Cancer 1997; 76(9): 1150-56.

N.J. Coombs, A.C. Gough, J.N. Primrose. Optimisation of DNA and RNA extraction from archival formalin-fixed tissue. Nucleic Acid Research 1999. http://nar.oupjournals.org/cgi/content/full/27/16/e12 (Stand: 05.02.2004).

A.M. Davidoff, P.A. Humphrey, J.D. Iglehart, J.R. Marks. Genetic basis for p53 overexpression in human breast cancer. Proc Natl Acad Sci U S A 1991; 88(11): 5006-10.

Deutsche Krebshilfe. Geschätzte Zahl der jährlich Neuerkrankten nach Krebsarten und Geschlecht. www.krebshilfe.de (Stand: 20.01.2004).

G. Donoho, M.A. Brenneman, T.X. Cui, D. Donoviel, H. Vogel, E.H. Goodwin, D.J. Chen, P. Hasty. Deletion of *BRCA2* Exon 27 causes hypersensitivity to DNA crosslinks, chromosomal Instability, and reduced life span in mice. Genes, Chromosomes and Cancer 2003; 36(4): 317-31.

J. Donovan, J. Slingerland. Transforming growth factor-ß and breast cancer: Cell cycle arrest by transforming growth factor-ß and its disruption in cancer. Breast Cancer Res 2000; 2 (2): 116-24.

D.F. Easton, L. Steele, P. Fields, W. Ormiston, D. Averill, P.A. Daly, R. McManus et al. Cancer risks in two large breast cancer families linked to *BRCA2* on chromosome 13q12-13. Am J Hum Genet 1997; 61: 120-28.

D.F. Easton. How many more breast cancer predisposition genes are there? Breast Cancer Res. 1999; 1 (1): 14-17.

M. Esteller, J.M. Silva, G. Dominguez, F. Bonilla, X. Matias-Guiu, E. Lerma, E. Bussaglia, J. Prat, I.C. Harkes, E.A. Repasky et al. Promoter Hypermethylation and *BRCA1* Inactivation in Sporadic Breast and Ovarian Tumors. Journal of the National Cancer Institute 2000; 92(7): 564-69.

M. Esteller, M.F. Fraga, M. Guo, J. Garcia-Foncillas, I. Hedenfalk, A.K. Godwin, J. Trojan, C. Vaurs-Barriere, Y.J. Bignon, S. Ramus et al. DNA methylation patterns in hereditary human cancers mimic sporadic tumorigenesis. Hum Mol Genet 2001; 10(26): 3001-07.

B. Fisher, J.P. Costantino, D.L. Wickerham et al. Tamoxifen for prevention of breast cancer: report of the National Surgical Adjuvant Breast and Bowel Project P-1 study. Journal of the National Cancer Institue 1998; 90 (18): 1371-88.

M.G. Fitzgerald, J.M. Bean, S.R. Hegde, H. Unsal, D.J. MacDonald, D.P. Harkin et al. Heterozygous *ATM* mutations do not contribute to early onset of breast cancer. Nature Genet 1997; 15: 307-10.

D. Ford, D.F. Easton, M. Stratton, S. Narod, D. Goldgar, P. Devilee, et al. Breast Cancer Linkage Consortium. Genetic heterogeneity and penetrance analysis of the *BRCA1* and *BRCA2* genes in breast cancer families. Am J Hum Genet 1998;62: 676-89.

A. Försti, L. Luo, I. Vorechovsky, M. Söderberg, P. Lichtenstein, K. Hemminki. Allelic imbalance on chromosomes 13 and 17 and mutation analysis of *BRCA1* and *BRCA2* genes in monozygotic twins concordant for breast cancer. Carcinogenesis 2001; 22(1): 27-33.

S.A. Gayther, K.A.F. de Foy, P. Harrington, P. Pharoah, W.D. Dunsmuir, S.M. Edwards, C. Gillett, A. Ardern-Jones, D.P. Dearnaley, D.F. Easton, D. Ford et al. The Frequency of Germ-line Mutations in the Breast Cancer Predisposition Genes *BRCA1 and BRCA2* in Familial Prostate Cancer. Cancer Research 2000; 60: 4513-18.

German Consortium for Hereditary Breast and Ovarian Cancer. Comprehensive analysis of 989 patients with breast or ovarian cancer provides *BRCA1* and *BRCA2* mutation profiles and frequencies for the german population. Int. J. Cancer 2002; 97: 472-80.

C. Ghimenti, E. Sensi, S. Presciuttini, I.M. Brunetti, P. Conte, G. Bevilacqua, M.A. Caligo. Germline mutations of the *BRCA1-associated ring domain* (*BARD1*) gene in breast and breast/ovarian families negative for *BRCA1* and *BRCA2* alterations. Genes Chromosomes Cancer 2002; 33(3): 235-42.

A. Gratchev. http://www.methods.info/Methods/DNA_methylation/Bisulphite_sequencing.html (Stand: 05.02.2004).

M.S. Greenblatt, P.O. Chappuis, J.P. Bond, N. Hamel, W.D. Foulkes. TP53 Mutations in Breast Cancer Associated with *BRCA1* or *BRCA2* Germline Mutations. Cancer Research 2001; 61: 4092-97.

E. Gross, N. Arnold, J. Goette, U. Schwarz-Boeger, M. Kiechle. A comparison of *BRCA1* mutation analysis by direct sequencing, SSCP and DHPLC. Hum Genet 1999; 105(1-2): 72-78.

M. Hampl, J.A. Hampl, G. Reiss, G. Schackert, H.-D. Saeger, H.K. Schackert. Loss of Heterozygosity Accumulation in Primary Breast Carcinomas and Additionally in Corresponding Distant Metastases Is Associated with Poor Outcome. Clinical Cancer Research 1999; 5: 1417-25.

I. Hedenfalk, D. Duggan, Y. Chen, M. Radmacher, M. Bittner, R. Simon, P. Meltzer, B. Gusterson, M. Esteller, O.P. Kallioniemi, B. Wilfond, A. Borg, J. Trent. Gene-expression profiles in hereditary breast cancer. N Engl J Med 2001; 344(8): 539-48.

I.A. Hedenfalk, M. Ringner, J.M. Trent and A. Borg. Gene Expression in Inherited Breast Cancer. Cancer Research 2002; 84: 1-34.

I. Hedenfalk, M. Ringner, A. Ben-Dor, Z. Yakhini, Y. Chen, G. Chebil, R. Ach, N. Loman, H. Olsson, P. Meltzer, A. Borg, J. Trent. Molecular classification of familial non-*BRCA1/BRCA2* breast cancer. PNAS 2003; 100(5): 2532-37.

J.G. Herman, J.R. Graff, S. Myöhänen, B.D. Nelkin, S.B. Baylin. Methylation-specific PCR: A novel PCR assay for methylation status of CpG islands. Proc. Natl. Acad. Sci. USA 1996; 93: 9821-26.

HGMD, Human Gene Mutation Database, http://archive.uwcm.ac.uk/uwcm/mg/hgmd0.html (Stand 20.01.2004).

B. Höldke. Mammographie-Screening in Deutschland – wissenschaftliche Beweislage und gesundheitspolitische Strategien. Jahrbuch für kritische Medizin 36, 2002.

S. Hunt (1). Direct submission (Human DNA sequence from clone RP1-214K23 on chromosome 13. Contains the 3' end of a novel gene, a novel gene, the 5' end of the *BRCA2* gene for early onset breast cancer protein 2, ESTs, STSs and GSSs, complete sequence). 2001. Version: Z74739.1 GI:1929047.

S. Hunt (2). Direct submission (Human DNA sequence from clone XX-92M18 on chromosome 13. Contains the 3' end of the *BRCA2* gene for early onset breast cancer 2 susceptibility protein, two novel genes, ESTs, STSs, GSSs and a CpG island, complete sequence. 2001. Version: Z73359.1 GI:2315185.

S. Ingvarsson, B.I. Sigbjornsdottir, C. Huiping, S.H. Hafsteinsdottir, G. Ragnarsson, R.B. Barkardottir, A. Arason, V. Egilsson, J.T.H. Bergthorsson. Mutation analysis of the *CHK2* gene in breast carcinoma and other cancers. Breast Cancer Res 2002; 4: R4.

Invitek. Manual Invisorb® Spin Cell Mini Kit for DNA extractions from cell culture, swabs, sera and plasma. August 2002.

M. Ishitobi, Y. Miyoshi, S. Hasegawa, C. Egawa, Y. Tamaki, M. Monden, S. Noguchi. Mutational analysis of *BARD1* in familial breast cancer patients in Japan. Cancer Lett 2003; 200(1): 1-7.

A.A. Jazaeri, C.J. Yee, C. Sotiriou, K.R. Brantley, J. Boyd, E.T. Liu. Gene expression profiles of BRCA1-linked, BRCA2-linked, and sporadic ovarian cancers. J Natl Cancer Inst 2002; 94(13): 990-1000.

S.M. Johnson,. J.A. Shaw, R.A. Walker. Sporadic breast cancer in young women: prevalance of loss of heterozygosity at *p53, BRCA1* and *BRCA2*. Int. J. Cancer 2002; 98: 205-09.

T. Kainu, S.-H. Hank Juo, R. Desper, A.A. Schaeffer, E. Gillanders, E. Rozenblum, D. Freas-Lutz, D. Weaver, D. Stephan, J. Bailey-Wilson et al. Somatic deletions in hereditary breast cancers implicate 13q21 as a putative novel breast cancer susceptibility locus. PNAS 2000; 97(17): 9603–08.

U.S. Khoo, H. Ozcelik, A.N. Cheung, L.W. Chow, H.Y. Ngan, S.J. Done, A.C. Liang, V.W. Chan, G.K. Au, W.F. Ng, C.S. Poon, Y.F. Leung, F. Loong, P. Ip, G.S. Chan, I.L. Andrulis, J. Lu, F.C. Ho. Somatic mutations in the *BRCA1* gene in Chinese sporadic breast and ovarian cancer. Oncogene 1999; 18(32): 4643-46.

M. Kiechle, R.K. Schmutzler, M.W. Beckmann. Prävention: Familiäres Mamma- und Ovarialkarzinom. Deutsches Ärzteblatt 2002; 99(20): A-1372 / B-1146 / C-1071.

M. Kiechle, B. Böttcher, N. Ditsch, B. Kuschel, B. Plattner, U. Schwarz-Boeger, M. Untch, A. Vodermaier. Hereditäres Mammakarzinom. Tumorzentrum München und W. Zuckschwerdt Verlag München, 2003.

S.C. Kowalczykowski. Molecular mimicry connects BRCA2 to Rad51 and rekombinational DNA repair. Nature structural biology 2002; 9(12): 897-99.

B. Kuschel, O. R. Köchli, D. Niederacher, Hj. Müller, M. W. Beckmann. Frauenklinik, Heinrich-Heine-Universität Düsseldorf, Universitätsfrauenklinik Kantonsspital Basel, Abteilung Medizinische Genetik UKBB Basel. Hereditäre Karzinomsyndrome in der Frauenheilkunde: Was der Praktiker wissen sollte! Schweiz Med Wochenschr 2000;130: 362–75.

E. Kwiatkowska, M. Teresiak, D. Breborowicz, A. Mackiewicz. Somatic mutations in the *BRCA2* gene and high frequency of allelic loss of *BRCA2* in sporadic male breast cancer. Int J Cancer 2002; 98(6): 943-45.

B. Legrand, P. de Mazancourt, M. Durigon, V. Khalifat, K. Crainic. DNA genotyping of unbuffered formalin fixed paraffin embedded tissues. Forsenic Science International 2002; 125: 205-11.

A.L. Lehninger, D.L. Nelson, M.M. Cox. Übersetzung herausgegeben von H. Tschesche. Prinzipien der Biochemie. Spektrum Akademischer Verlag GmbH Heidelberg, Berlin, Oxford, 2.Auflage, 1998.

B. Lewin. Molekularbiologie der Gene. Aus dem Englischen übersetzt von K. Beginnen. Spektrum Akademischer Verlag GmbH Heidelberg-Berlin, 1998.

Y. Li, S. Zhang, C. Xiao, Z. Su, Y. Zhao, W. Chen, G. Zhang. Clustering of variations and haplotype analysis in the highly variable region of exon 11 of *BRCA1* in Chinese women with sporadic breast cancer. Hum Mutat 2002; 20(5): 404-05.

Y. Liu, S.C. West. Distinct functions of BRCA1 and BRCA2 in double-strand break repair. Breast Cancer Res 2002; 4 (1): 9–13.

T. Ludwig, D.L. Chapman, V.E. Papaioannou, A. Efstratiadis. Targeted mutations of breast cancer susceptibility gene homologs in mice: lethal phenotypes of *BRCA1, BRCA2, BRCA1/BRCA2, BRCA1/p53* and *BRCA2/p53* nullizygous embryos. Genes Dev. 1997; 11(10): 1226-41.

Y.A. Luqmani, L.L. Temmim, M. Mathew. Loss of heterozygosity and microsatellite instability in male breast cancer. Oncology reports 2002; 9: 417-21.

T.K. MacLachlan, K. Somasundaram, M. Sgagias, Y. Shifman, R.J. Muschel, K.H. Cowan, W.S. El-Deiry. BRCA1 effects on the cell cycle and the DNA damage response are linked to altered gene expression. J Biol Chem 2000; 275(4): 2777-85.

L.Y. Marmorstein, T. Ouchi, S.A. Aaronson. The BRCA2 gene product functionally interacts with p53 and RAD51. Proc Natl Acad Sci U S A 1998; 95: 13869-74.

L.Y. Marmorstein, A.V. Kinev, G.K. Chan, D.A. Bochar, H. Beniya, J.A. Epstein, T.J. Yen, R. Shiekhattar. A human BRCA2 complex containing a structural DNA binding component influences cell cycle progression. Cell 2001; 104(2): 247-57.

M.L. McCoy, C.R. Mueller, C.D. Roskelley. The role of the *breast cancer susceptibility gene 1* (*BRCA1*) in sporadic epithelial ovarian cancer. Reprod Biol Endocrinol. 2003; 1 (1): 72.

C.R. McEvoy, R. Seshadri, A.A. Morley, F.A. Firgaira. Frequency and genetic basis of *MHC*, *beta-2-microglobulin* and *MEMO-1* loss of heterozygosity in sporadic breast cancer. Tissue Antigens 2002 ; 60(3): 235-43.

H. Meijers-Heijboer, A. van den Ouweland, J. Klijn, M. Wasielewski, A. de Snoo, R. Oldenburg, A. Hollestelle, M. Houben, E. Crepin, M. van Veghel-Plandsoen et al. Low-penetrance susceptibility to breast cancer due to *CHEK2*(*)1100delC in noncarriers of *BRCA1* or *BRCA2* mutations. Nat Genet 2002; 1: 55-59.

Y. Miki, J. Swensen, D. Shattuck-Eidens, P.A. Futreal, K. Harshman, S. Tavtigian, Q. Liu, C. Cochran, L.M. Bennett, W. Ding et al. A strong candidate for the breast and *ovarian cancer susceptibility gene BRCA1*. Science 1994; 266(5182): 66-71.

K. Miyamoto, T. Fukutomi, K. Asada, K. Wakazono, H. Tsuda, T. Asahara, T. Sugimura, T. Ushijima. Promotor Hypermethylation and Post-transcriptional Mechanisms for Reduced BRCA1 Immunoreactivity in Sporadic Human Breast Cancers. Jpn J Clin Oncol 2002; 52(3): 79-84.

M.E. Moynahan, J.W. Chiu, B.H. Koller, M. Jasin. BRCA1 controls homology directed DNA repair. Mol Cell 1999; 4: 511–18.

H. Murata, N.H. Khattar, Y. Kang, L. Gu, G.M. Li. Genetic and epigenetic modification of *mismatch repair genes hMSH2* and *hMLH1* in sporadic breast cancer with microsatellite instability. Oncogene 2002; 21(37): 5696-703.

K.L. Nathanson, B.L. Weber. „Other" breast cancer susceptibility genes: searching for more holy grail. Human Molecular Genetics 2001; 10(7): 715-20.

National Institutes of Health Consensus Development Conference Statement. Breast Cancer Screening for Women Ages 40-49. National Institutes of Health Consensus Developmental Panel. Journal of the National Cancer Institute Monographs 1997; 22: 7-18.

Y. Niwa, T. Oyama, T. Nakajima. BRCA1 expression status in relation to DNA methylation of the *BRCA1* promoter region in sporadic breast cancers. Jpn J Cancer Res 2000; 91(5): 519-26.

L. Ottini, G. Masala, C. D'Amico, B. Mancini, C. Saieva, G. Aceto, D. Gestri, V. Vezzosi, M. Falchetti, M. De Marco, M. Paglierani, A. Cama, S. Bianchi, R. Mariani-Costantini, D. Palli. *BRCA1* and *BRCA2* Mutation Status and Tumor Characteristics in Male Breast Cancer: A Population-based Study in Italy. Cancer research 2003; 63: 342-47.

T.T. Paull, D. Cortez, B. Bowers, S.J. Elledge, M. Gellert. Direct DNA binding by BRCA1. Proc Natl Acad Sci USA 2001; 98: 6086-91.

L. Pellegrini L, D.S. Yu, T. Lo, S. Anand, M. Lee, T.L. Blundell, A.R. Venkitaraman. Insights into DNA recombination from the structure of a RAD51-BRCA2 complex. Nature 2002; 420(6913): 287-93.

T. Powles. Breast Cancer Prevention. The Oncologist 2002;1: 60-64.

Qiagen. QIAamp DNA Mini Kit and QIAamp DNA Blood Mini Kit. September 2001.

J.V. Rajan, S.T. Marquis, H.P. Gardner, L.A. Chodosh. Developmental expression of BRCA2 colocalizes with BRCA1 and is associated with proliferation and differentiation in multiple tissues. Dev Biol 1997; 184: 385-401.

S.J. Ramus, P.D.P. Pharoah, P. Harrington, C. Pye, B. Werness, L. Bobrow, A. Ayhan, D. Wells, A. Fishman, M. Gore, R.A. DiCioccio, M. Steven Piver, A.S. Whittemore, B.A.J. Ponder, S.A. Gayther. *BRCA1/2* Mutation Status Influences Somatic Genetic Progression in Inherited and Sporadic Epithelial Ovarian Cancer Cases. Cancer Research 2003; 63: 417-23.

J. Ringash. Preventive health care, 2001 update: screening mammography among women aged 40–49 years at average risk of breast cancer. CMAJ 2001; 164(4): 469-76.

E.M. Rosen, S. Fan, R.G. Pestell, I.D. Goldberg. *BRCA1* gene in breast cancer. J Cell Physiol 2003; 196(1): 19-41.

H. Ruffner and I.M. Verma. BRCA1 is a cell cycle-regulated nuclear phosphoprotein. Proc. Natl. Acad. Sci. USA 1997; 94: 7138-43.

H. Ruffner, W. Jiang, A.G. Craig, T. Hunter, I.M. Verma. BRCA1 is phosphorylated at serine 1497 in vivo at a cyclin-dependent kinase 2 phosphorylation site. Mol Cell Biol 1999; 19: 4843-54.

I.B. Runnebaum, M. Nagarajan, M. Bowman, D. Soto, S. Sukumar. Mutations in *p53* as potential molecular markers for human breast cancer. Proc Natl Acad Sci USA 1991; 88(23): 10657-61.

J.L. Rutter, A.M. Smith, M.R. Da´vila, A.J. Sigurdson, R.M. Giusti, M.A. Pineda, M.M. Doody, M.A. Tucker, M.H. Greene, J. Zhang, J.P. Struewing. Mutational Analysis of the *BRCA1*-Interacting Genes *ZNF350/ZBRK1* and *BRIP1/BACH1* among *BRCA1* and *BRCA2*-negative Probands from Breast-Ovarian Cancer Families and among Early-Onset Breast Cancer Cases and Reference Individuals. Human Mutation 2003; 22: 121-28.

A. Saha, N.K. Bairwa, A. Ranjan, V. Gupta, R. Bamezai. Two novel somatic mutations in the human interleukin 6 promoter region in a patient with sporadic breast cancer. Eur J Immunogenet 2003; 30(6): 397-400.

S. Salahshor, L. Haixin, H. Huo, V.N. Kristensen, N. Loman, S. Sjöberg-Margolin, A. Borg, A.-L. Børresen-Dale, I. Vorechovsky, A. Lindblom. Low frequency of *E-cadherin* alterations in familial breast cancer. Breast Cancer Res 2001, 3:199–207.

R. Scully. Role of *BRCA* gene dysfunction in breast and ovarian cancer predisposition. Breast Cancer Res 2000; 2: 324–330.

E. Sensi, M. Tancredi, P. Aretini, G. Cipollini, A.G. Naccarato, P. Viacava, G. Bevilacqua, M.A. Caligo. *p53* inactivation is a rare event in familial breast tumors negative for *BRCA1* and *BRCA2* mutations. Breast Cancer Res Treat 2003; 82(1): 1-9.

S.-R. Shi, R.J. Cote, L. Wu, C. Liu, R. Datar, Y. Shi, D. Liu, H. Lim, C.R. Taylor. DNA Extraction from Archival Formalin-fixed, Paraffin-embedded Tissue Sections Based on the Antigen Retrieval Principle: Heating Under the Influence of pH. Journal of Histochemistry and Cytochemistry 2002; 50: 1005-11.

T.M. Smith, M.K. Lee, C.I. Szabo, N. Jerome, M. McEuen, M. Taylor, L. Hood and M.C. King. Complete genomic sequence and analysis of 117 kb of human DNA containing the gene *BRCA1*. Genome Res. 1996; 6 (11): 1029-1049. Version: L78833.1 GI:1698398.

K. Somasundaram. *Breast Cancer Gene 1* (*BRCA1*): Role in Cell Cycle Regulation and DNA Repair – Perhaps Through Transcription. Journal of Cellular Biochemistry 2003; 88: 1084-91.

Statistisches Bundesamt. Todesursachen. http://www.destatis.de/basis/d/gesu/gesutab19.htm (Stand: 10.01.2004).

A. Sullivan, M. Yuille, C. Repellin, A. Reddy, O. Reelfs, A. Bell, B. Dunne, B.A. Gusterson, P. Osin, P.J. Farrell, I. Yulug, A. Evans, T. Ozcelik, M. Gasco, T. Crook. Concomitant inactivation of *p53* and *CHK2* in breast cancer. Oncogene 2002; 21(9): 1316-24.

T.H. Thai, F. Du, J.T. Tsan, Y. Jin, A. Phung, M.A. Spillman, H.F. Massa, C.Y. Muller, R. Ashfaq, J.M. Mathis, D.S. Miller, B.J. Trask, R. Baer, A.M. Bowcock. Mutations in the *BRCA1-associated RING domain* (*BARD1*) gene in primary breast, ovarian and uterine cancers. Hum Mol Genet 1998; 7(2): 195-202.

S. Thakur and C.M. Croce. Positive regulation of the *BRCA1* promoter. J Biol Chem 1999; 274: 8837-43.

S. Thakur, T. Nakamura, G. Calin, A. Russo, J. F. Tamburrino, M. Shimizu, G. Baldassarre, S. Battista, A. Fusco, R.P. Wassell, G. Dubois, H. Alder, C.M. Croce. Regulation of *BRCA1* Transcription by Specific Single-Stranded DNA Binding Factors. Molecular and Cellular Biology 2003; 23(11): 3774-87.

D. Thompson, C.I. Szabo, J. Mangion, R.A. Oldenburg, F. Odefrey, S. Seal, R. Barfoot, K. Kroeze-Jansema, D. Teare, N. Rahman et al. Evaluation of linkage of breast cancer to the putative *BRCA3* locus on chromosome 13q21 in 128 multiple case families from the Breast Cancer Linkage Consortium. PNAS 2002; 99(2): 827–31.

M. Tirkkonen, O. Johannsson, B.A. Agnarsson, H. Olsson, S. Ingvarsson, R. Karhu, M. Tanner, J. Isola, R.B. Barkardottir, A. Borg, O.P. Kallioniemi. Distinct somatic genetic changes associated with tumor progression in carriers of *BRCA1* and *BRCA2* germline mutations. Cancer Res 1997; 57(7): 1222-27.

M. Tirkkonen, T. Kainu, N. Loman, O.T. Johannsson, H. Olsson, R.B. Barkardottir, O.P. Kallioniemi, A. Borg. Somatic genetic alterations in *BRCA2*-associated and sporadic male breast cancer. Genes Chromosomes Cancer 1999; 24(1): 56-61.

Y. Tokuda, T. Nakamura, K. Satonaka, S. Maeda, K. Doi, S. Baba, T. Sugiyama. Fundamental study on the mechanism of DNA degradation in tissues fixed in formaldehyde. Journal of Clinical Pathology 1990; 43: 748-51.

G. Ursin, B.E. Henderson, R.W. Haile et al. Does oral contraceptive use increase the risk of breast cancer in women with *BRCA1/BRCA2* mutations more than in other women? Cancer Res 1997; 57: 3678-81.

P. Vehmanen. Breast cancer-predisposing genes in finnish breast and ovarian cancer families. Academic Dissertation, Helsinki 2001.

T. Wagner, D. Stoppa-Lyonnet, E. Fleischmann, D. Muhr, S. Pages, T. Sandberg, V. Caux, R. Moeslinger, G. Langbauer, A. Borg, P. Oefner. Denaturing high-performance liquid chromatography detects reliably *BRCA1* and *BRCA2* mutations. Genomics 1999; 62(3): 369-76.

H. Wawrzyn, R.-D. Hesch. Brustkrebs: Karzinogenese und Prävention unter Berücksichtigung hormoneller und molekulargenetischer Aspekte – ein Paradigmenwandel. J. Menopause 1999; 2.

A. Weinhaeusel, O.A. Haas. Evaluation of the fragile X (FRAXA) syndrome with methylation-sensitive PCR. Hum. Genet. 2001; 108: 450-58.

P.L. Welcsh and M.C. King. *BRCA1* and *BRCA2* and the genetics of breast and ovarian cancer. Human Molecular Genetics 2001; 10(7): 705-13.

A.K.C. Wong, R. Pero, P.A. Ormonde, S.V. Tavtigian, P.L. Bartel. RAD51 interacts with the evolutionarily conserved BRC motifs in the human breast cancer susceptibility gene BRCA2. J Biol Chem1997; 272: 31941-44.

R. Wooster, G. Bignell, J. Lancaster, S. Swift, S. Seal, J. Mangion, N. Collins, S. Gregory, C. Gumbs, G. Micklem. Identification of the *breast cancer susceptibility gene BRCA2*. Nature 1995, 378: 789-91.

R. Wooster, L. Weber. Breast and Ovarian Cancer. N Engl J Med 2003; 348: 2339-47.

WHO – World Health Organisation (1). The world health report 2003. www.who.int (Stand: 20.01.2004). Zahlenmaterial aus der Tabelle: "GBD 2002: Deaths by age, sex and cause for the year 2002", "region: WORLD". www.who.int/evidence/bod (Stand: 20.01.2004).

WHO – World Health Organisation (2). The world health report 2003. www.who.int (Stand: 20.01.2004). Zahlenmaterial aus der Tabelle: "GBD 2002: Deaths by age, sex and cause for the year 2002", "region: EURO, AMRO". www.who.int/evidence/bod (Stand: 20.01.2004).

F. Xia, D.G. Taghian, J.S. DeFrank, Z.C. Zeng, H. Willers, G. Iliakis, S.N. Powell. Deficiency of human BRCA2 leads to impaired homologous recombination but maintains normal nonhomologous end joining. Pnas 2001; 98 (15): 8644-8649. www.pnas.orgycgiydoiy10.1073ypnas.151253498 (Stand: 20.01.2004).

Q. Yang (1), G. Yoshimura, M. Nakamura, Y. Nakamura, T. Suzuma, T. Umemura, I. Mori, T. Sakurai, K. Kakudo. *BRCA1* in non-inherited breast carcinomas (Reverse). Oncology reports 2002; 9: 1329-33.

Q. Yang (2), M. Nakamura, Y. Nakamura, G. Yoshimura, T. Suzuma, T. Umemura, Y. Shimizu, I. Mori, T. Sakurai, K. Kakudo. Two-hit inactivation of *FHIT* by loss of heterozygosity and hypermethylation in breast cancer. Clin Cancer Res 2002; 8(9): 2890-93.

K. Yoshikawa, K. Honda, T. Inamoto, H. Shinohara, A. Yamauchi, K. Suga, T. Okuyama, T. Shimada, H. Kodama, S. Noguchi, A.F. Gazdar, Y. Yamaoka, R. Takahashi. Reduction of BRCA1 Protein Expression in Japanese Sporadic Breast Carcinomas and Its Frequent Loss in *BRCA1*-associated Cases. Clinical Cancer Research 1999; 5: 1249-61.

Patientinnenmaterial und kooperierendes Institut; Abkürzungen: Labor-ID = Identifikationsnummer am Institut für Humangenetik der Universität Leipzig.

Labor-ID	**Institut**
27/99	Universität Leipzig, Institut für Pathologie, Liebigstr. 26, 04103 Leipzig
107/99	Universität Leipzig, Institut für Pathologie, Liebigstr. 26, 04103 Leipzig
147/02	Prof. Dr. med. M. Dietel, Institut für Pathologie, Charitè – Campus – Mitte, Schumannstr. 20-21, 10117 Berlin
183/99	Kein Tumormaterial verfügbar.
201/01	Institut für Pathologie, Elsastr.1, 04315 Leipzig
249/02	Kein Tumormaterial verfügbar.
304/99	Universität Leipzig, Institut für Pathologie, Liebigstr. 26, 04103 Leipzig
399/02	Prof. Dr. med. M. Dietel, Institut für Pathologie, Charitè – Campus – Mitte, Schumannstr. 20-21, 10117 Berlin
426/00	Prof. Dr. med. M. Dietel, Institut für Pathologie, Charitè – Campus – Mitte, Schumannstr. 20-21, 10117 Berlin
507/02	Institut für Pathologie, Elsastr.1, 04315 Leipzig
516/98	Prof. Dr. med. M. Dietel, Institut für Pathologie, Charitè – Campus – Mitte, Schumannstr. 20-21, 10117 Berlin
635/99	Universität Leipzig, Institut für Pathologie, Liebigstr. 26, 04103 Leipzig
686/01	Kein Tumormaterial verfügbar.
705/00	Dr. Schoen, Dr. Voss, Husener Str. 69, 33098 Paderborn
801/00	Krankenhaus Herzberg, Institut für Pathologie, Alte Prettiner Str., 04916 Herzberg
831/00	Universität Leipzig, Institut für Pathologie, Liebigstr. 26, 04103 Leipzig

***BRCA1*-Primer – Herstellung der Endkonzentrationen von 10 µM aus den Stammlösungen;** Abkürzungen: FOR = forward, REV = reverse.

Exon	Primer	Ausgangs-konzentration µM	Endkonzentration µM	Primerstammlösung µl	aqua dest. µl
2	2FOR	131,1	10	3,8	46,2
	2REV	178,7	10	2,7	47,3
3	3FOR	100,8	10	4,9	45,1
	3REV	102,1	10	4,8	45,2
5	5FOR	118,0	10	4,2	45,8
	5REV	134,2	10	3,7	46,3
6	6FOR	166,7	10	3,0	47,0
	6REV	105,6	10	4,7	45,3
7	7FOR	150	10	3,3	46,7
	7intFOR	148,9	10	3,4	46,6
	7REV	138,1	10	3,6	46,4
	7intREV	96,3	10	5,2	44,8
8	8FOR	116,4	10	4,3	45,7
	8REV	115,5	10	4,3	45,7
9	9FOR	110,8	10	4,5	45,5
	9REV	108,0	10	4,6	45,4
10	10FOR	132,6	10	3,8	46,2
	10REV	104,1	10	4,8	45,2
11	11aFOR	103,1	10	4,8	45,2
	11aREV	144,2	10	3,4	46,6
	11bFOR	162,4	10	3,1	46,9
	11bREV	118,9	10	4,2	45,8
	11cFOR	111,0	10	4,5	45,5
	11cREV	113,4	10	4,4	45,6
	11dFOR	100,0	10	5,0	45,0
	11dREV	100,0	10	5,0	45,0
	11eFOR	85,8	10	5,8	44,2
	11eREV	78,0	10	6,4	43,6

	11fFOR	111,7	10	4,5	45,5
	11fREV	68,8	10	7,2	42,8
	11gFOR	100,0	10	5,0	45,0
	11gREV	100,0	10	5,0	45,0
	11hFOR	145,6	10	3,4	46,6
	11hREV	88,4	10	5,7	44,3
	11iFOR	97,0	10	5,1	44,9
	11iREV	150,0	10	3,3	46,7
	11jFOR	95,1	10	5,2	44,8
	11jREV	143,2	10	3,5	46,5
	11kFOR	85,7	10	5,8	44,2
	11kREV	114,3	10	4,4	45,6
	11lFOR	91,6	10	5,5	45,5
	11lREV	150,1	10	3,3	46,7
	11mFOR	77,2	10	6,5	43,5
	11mREV	88,8	10	5,6	44,4
12	12FOR	100,0	10	5,0	45,0
	12REV	100,0	10	5,0	45,0
13	13FOR	108,7	10	4,6	45,4
	13REV	135,3	10	3,7	46,3
14	14FOR	87,6	10	5,7	44,3
	14REV	114,6	10	4,4	45,6
15	15FOR	84,7	10	5,9	44,1
	15REV	141,7	10	3,5	46,5
16	16FOR	69,6	10	7,2	42,8
	16REV	101,8	10	4,9	45,1
17	17FOR	100,0	10	5,0	45,0
	17REV	100,0	10	5,0	45,0
18	18FOR	100,0	10	5,0	45,0
	18REV	100,0	10	5,0	45,0
19	19FOR	171,2	10	2,9	47,1
	19REV	145,5	10	3,4	46,6
20	20FOR	157,6	10	3,2	46,8

	20REV	189,0	10	2,6	47,4
21	21FOR	122,5	10	4,1	45,9
	21REV	121,3	10	4,1	45,9
22	22FOR	165,0	10	3,0	47,0
	22REV	150,1	10	3,3	46,7
23	23FOR	127,3	10	3,9	46,1
	23REV	136,6	10	3,7	46,3
24	24FOR	187,6	10	2,7	47,3
	24REV	110,4	10	4,5	45,5

Danksagung

Ich bedanke mich bei meiner Betreuerin Frau Prof. Dr. U. Froster für die Möglichkeit, meine Diplomarbeit am Institut für Humangenetik der Universität Leipzig durchführen zu können, sowie für die gewährte Selbständigkeit und Unterstützung.

Herrn Prof. Dr. H. Sass danke ich für die Bereitschaft, die vorliegende Arbeit an der Fakultät für Biowissenschaften, Pharmazie und Psychologie zu betreuen und für das rege Interesse am Vorankommen der Diplomarbeit.

Mein besonderer Dank gilt Herrn Dr. W. Heinritz für die Überlassung des interessanten Diplomarbeitsthemas und die intensive fachliche Betreuung. Ich danke für zahlreiche wertvolle Hinweise und Anregungen, die am Gelingen dieser Arbeit großen Anteil haben.

Ich bedanke mich bei allen kooperierenden Instituten für das bereitgestellte Untersuchungsmaterial. Herrn Dr. Schütz und den Mitarbeitern des Instituts für Pathologie der Universität Leipzig danke ich für die durchgeführte Entparaffinierung der Gewebeproben, die Mikrodissektion der Tumorzellen und die intensive Unterstützung bei der erfolgreichen Etablierung von DNA-Isolierungsmethoden.

Bei Frau Dr. Edelmann vom Institut für Rechtsmedizin der Universität Leipzig möchte ich mich für die zahlreichen Tipps bei der Isolierung von DNA aus mit Formalin fixierten und in Paraffin eingebetteten Gewebeproben bedanken.

Mein außerordentlicher Dank gilt allen Mitarbeiterinnen und Mitarbeitern des Instituts für Humangenetik. Besonders möchte ich mich bei Kerstin, Mandy, Sandra, Saskia und Susann für die Hilfsbereitschaft, die zahlreichen Tipps und Kniffe und die vielen Erheiterungen während der oft langwierigen Arbeiten in der Laboretage bedanken.

Last but not least bedanke ich mich bei meiner Mutti, meinen Brüdern und meinen Freundinnen für ihre Liebe und Unterstützung, die mich durch ein nicht immer leichtes Studium geführt haben. In Gedanken bin ich bei meinem Vati und meiner Kleenen, die im Herbst 2003 leider verstorben sind. Ich behalte Euch immer in bester Erinnerung.